L'ÉCOLE ET LA FERME

Clichy. — Imprimerie Paul Dupont, 12, rue du Bac-d'Asnières.

L'ÉCOLE ET LA FERME

ou

UNE LECTURE PAR SEMAINE

sur

LES TRAVAUX DE L'ANNÉE AGRICOLE.

PAR

MICHEL GREFF,

Ouvrage admis dans les écoles publiques et les bibliothèques scolaires,

SEPTIÈME ÉDITION

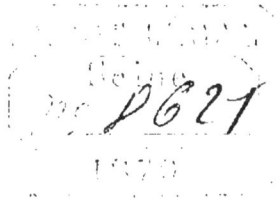

PARIS

LIBRAIRIE CLASSIQUE ET ADMINISTRATIVE

Paul DUPONT, *Directeur*.

Rue Jean-Jacques-Rousseau, **41**.

PREFACE.

Je dirai en peu de mots pourquoi j'ai écrit les pages que j'offre aujourd'hui à la jeunesse agricole.

D'autres diront si j'ai atteint le but que je me proposais.

Les dictées sont d'un usage général dans l'enseignement. C'est un de ces ingénieux moyens auxquels les maîtres ont recours pour graver dans la mémoire mobile de la jeunesse la substance de leurs leçons. Il est presque infaillible.

Une leçon purement orale glisse sur l'esprit distrait de l'enfant; à peine en conserve-t-il un faible souvenir. La leçon écrite, au contraire, laisse dans sa jeune intelligence des traces durables; elle a exigé une grande attention pendant la dictée; l'élève est obligé de la copier de sa plus belle écriture; elle est destinée à passer sous les yeux du

maître, à être confrontée publiquement avec le
même travail fait par toute une classe.

La méthode des dictées appliquée à l'enseignement des premières notions de l'agriculture devait
donner les mêmes résultats. Un grand nombre
d'instituteurs l'ont pensé, et l'expérience a pleine-
ment confirmé leur opinion. Cette excellente méthode serait sans doute suivie partout, si les maîtres avaient à leur disposition, comme pour les
autres branches de l'enseignement, un livre spécial à ces exercices. Je suis d'autant plus fondé à
le penser que l'idée de ce travail appartient à des
instituteurs.

D'un autre côté, si les traités d'agriculture ne
sont plus rares aujourd'hui, il en est un qui manque
entièrement : un traité court et pourtant assez
complet pour tenir lieu des autres au jeune fermier, ou pour le dispenser, dans un moment donné,
de les lire. Le cultivateur a peu de loisirs, il lui
faut des livres qui disent beaucoup en peu de
temps.

Dans le double but d'offrir aux cultivateurs dé-
butants ce livre qui n'existait point, et de générali-
ser les dictées sur l'agriculture dans les écoles
primaires, j'ai résumé dans l'*École et la Ferme*,
condensé dans quelques pages, les principes géné-

raux et les pratiques les plus importantes de l'art agricole.

Pour imprimer à ce livre le cachet d'une utile et constante actualité, tant pour l'École que pour la Ferme, j'ai suivi les travaux des champs de mois en mois. Au commencement de chaque mois, un agenda sommaire rappelle les principaux travaux qu'il comporte. Une lecture par semaine initie à la connaissance substantielle des sujets les plus intéressants au point de vue de la pratique.

Des notes y ajoutent des détails ou des explications utiles. Les instituteurs trouveront dans ces notes le texte à des développements d'un vif intérêt pour la jeunesse.

Trois pensées générales m'ont constamment préoccupé :

Les merveilles de la nature, preuves palpables de la puissance et de la bonté du Créateur, élèvent l'esprit et le cœur vers le ciel : pensée morale;

La connaissance des phénonènes naturels donne un attrait particulier aux travaux des champs et attache au sol natal : pensée sociale;

Les cultures fourragères sont la source de la prospérité de l'agriculture : pensée agricole.

Ces pensées, je voulais les faire pénétrer dans la famille par l'école ; dans l'enseignement, par la pratique ; partout avec le concours dévoué **de** l'instituteur.

J'ignore si j'ai réussi, si du moins j'ai approché quelque peu du but auquel je visais. L'avenir me l'apprendra. Mais quelque soit le **sort** réservé à mon livre, j'ai la conscience de **n'avoir** rien négligé pour le rendre intéressant **et** utile. Je n'avais pas d'autre ambition.

INTRODUCTION.

***

L'ANNÉE CIVILE, ASTRONOMIQUE ET AGRICOLE.

L'année est une division du temps.

L'usage de compter les années par celles de Jésus-Christ a été introduit en Italie au sixième siècle, et en France au septième. Il y eut cinq manières différentes de commencer l'année :

1° Au 1er mai;

2° Au 1er janvier;

3° Au 25 décembre;

4° Au 25 mars;

5° A Pâques, ce qui rendait le commencement de l'année très-variable, attendu que Pâques suivait alors comme maintenant les lunaisons.

Ces différentes manières de compter ont quelquefois été employées simultanément. L'uniformité ne s'est établie en France que peu après l'édit de Charles IX, daté du mois de janvier 1563, dont le 39e article ordonne de dater les actes publics et particuliers en commençant l'année au 1er janvier.

Le temps se compose du passé, du présent et de l'avenir : de jours qui ne reviennent plus, d'une minute qui fuit et d'espérances incertaines. L'heure présente est donc la seule dont nous soyons assurés ; faisons en sorte d'avoir peu à regretter le passé et de n'être pas obligés de compter sur l'avenir. Un écrivain d'un grand sens a dit : « Si le mal de cœur et les maux de tête venaient à l'ivrogne avant boire, il ne s'enivrerait jamais. » On peut dire avec une égale justesse que l'homme ne perdrait pas une seconde de son existence éphémère, si les vains et amers regrets que lui cause, après coup, le temps perdu ou mal employé se faisaient sentir auparavant.

On distingue trois sortes de temps : le temps *vrai*, le temps *moyen* et le temps *sidéral*. Tous trois s'expriment en jours, heures, minutes et secondes. Le jour *vrai* est l'intervalle de temps compris entre deux passages consécutifs du soleil *vrai* au même méridien ; le jour *moyen* est l'espace de temps compris entre deux passages consécutifs de l'astre fictif auquel on a donné le nom de soleil *moyen;* et le temps compris entre deux retours consécutifs d'une étoile au méridien forme le jour *sidéral.*

Le jour est *astronomique* ou *civil;* le jour *astronomique* commence à midi *vrai* ou *moyen*, selon qu'on emploie le temps *vrai* ou le temps *moyen;* il se divise en 24 heures, que l'on compte de 0 à 24, ou d'un midi au midi suivant.

Le jour *civil* commence à minuit, et se compose également de 24 heures; mais il est divisé en deux périodes de 12 heures chacune, que l'on distingue en heures du matin, de minuit à midi ; et en heures du soir, de midi à minuit. Dans la *connaissance des temps*, on emploie le temps civil seulement pour les levers et couchers du soleil, de la lune et des planètes, les phases de la lune, les éclipses et les grandes marées; tous les autres phénomènes sont annoncés en temps moyen astronomique.

Le jour *sidéral* commence à l'instan¹ où le point équi-noxial du printemps passe au méridien. Il se partage en 24 heures, que l'on compte de 0 à 24 (1).

L'année ordinaire se compose de 365 jours, un peu plus de 52 semaines. Elle comprend quatre grandes divisions, le printemps, l'été, l'automne et l'hiver, saisons qui com-mencent vers le 22 des mois de mars, juin, septembre et décembre.

(1) Voici la manière de transformer le temps civil en temps as-tronomique et réciproquement :

Si le temps civil est exprimé en heures du matin, ôtez un jour de la date proposée, et ajoutez 12 heures; le résultat sera le temps as-tronomique demandé.

Ainsi, le 24 janvier, à 5ʰ 49ᵐ du matin, temps civil, correspond au 23 janvier, à 17ʰ 49ᵐ, temps astronomique.

Si le temps civil est exprimé en heures du soir, supprimez la dé-signation *soir*, et vous aurez, sans autre changement, le temps as-tronomique.

Le temps astronomique se transforme en temps civil par des opé-rations semblables. Si le nombre d'heures est plus petit que 12, ajoutez la désignation soir, et vous aurez le temps civil.

Si le nombre d'heures surpasse 12, diminuez-le de 12, ajoutez un jour à la date proposée, et vous aurez le temps civil demandé, exprimé en heures du matin.

Ainsi, le 17 mars à 22ʰ 54ᵐ, temps astronomique, correspond au 18 mars à 10ʰ 54ᵐ du matin, temps civil.

Pour convertir le temps d'un lieu connu en temps de Paris, on procède de la manière suivante :

Lorsqu'une date sera exprimée en temps d'un lieu connu, on l'ex-primera en temps de Paris, à l'aide de la longitude géographique de ce lieu, réduite en heures, minutes et secondes. Si le lieu est à l'est de Paris, de la date proposée *retranchez* la longitude en temps

Ces divisions s'appliquent également à l'année agricole, mais les saisons de celle-ci ne coïncident point avec les saisons de l'année commune. Le printemps commence, pour le cultivateur, avec les premières semailles de l'année et dure jusqu'aux premières récoltes ; l'été comprend le temps de la fenaison et de la moisson ; l'automne commence aux semailles de l'arrière-saison et se prolonge jusqu'aux froids ; l'hiver, qui est la saison agricole la plus longue, s'étend du 1ᵉʳ novembre au 15 mars et souvent au 1ᵉʳ avril. Du reste, ces époques sont variables comme la nature du sol et la température ; elles commencent et finissent plus tôt ou plus tard suivant le degré de latitude de la région. Les saisons agricoles n'ont même rien de fixe pour chaque localité ; une année elles commencent quinze jours à trois semaines plus tôt, l'année suivante, plus tard. Sous ce rapport, le calendrier est un très-mauvais guide ; l'expérience et l'observation seules peuvent fournir des indications certaines.

Un savant a eu l'idée d'un calendrier agricole basé sur des données naturelles : il prenait pour points de départ la végétation des plantes sauvages et l'instinct des oiseaux.

et vous aurez l'heure correspondante de Paris ; si le lieu est à l'ouest de Paris, à la date proposée *ajoutez* la longitude en temps, et la somme sera l'heure de Paris. Exemple :

Une observation est faite à Metz, le 13 juillet, à 8ʰ 7ᵐ 5ˢ, temps ivil ; on demande quelle heure il était en ce moment à Paris.

Date de l'observation........... Juillet 13 j. 8ʰ 15ᵐ 5ˢ
Longitude orientale de Metz...   —   17 22
                                   _____
Temps de Paris correspondant....... 7 57 43

Ces explications sont empruntées à des ouvrages spéciaux.

Je ne sais s'il serait possible de tirer de ces signes des indications pratiques générales ; mais il est certain que le cultivateur habitué à observer y trouve souvent de précieux enseignements. La grive, l'alouette, les hirondelles et les fleurs sont des conseillères plus sûres que les pronostics sans valeur des almanachs.

Pour faire concorder ensemble l'année agricole et l'année scolaire, nous avons dû partir du 1er octobre. D'ailleurs l'année culturale ne commence-t-elle pas réellement aux semailles d'automne ?

L'ÉCOLE ET LA FERME.

OCTOBRE.

Agenda agricole du mois.

Direction. — Sans négliger la surveillance des dernières récoltes et des semailles d'automne, le fermier visite les bâtiments de son exploitation pour s'assurer qu'ils sont en état de préserver de toutes détériorations, durant l'hiver, les récoltes engrangées, ou pour faire faire, sans retard, les réparations nécessaires. Il évalue aussi exactement que possible la quantité de fourrages rentrés, afin de pouvoir régler en conséquence la vente et l'achat des bestiaux. S'il était réduit à acheter un supplément de fourrages, cet achat se ferait plus avantageusement à cette époque qu'à la fin de l'hiver. Cette évaluation fournit d'ailleurs un élément important à l'inventaire.

Occupations d'intérieur. — Les travaux d'intérieur consistent à préparer les semences pour les semailles en cours d'exécution, et à donner des soins aux récoltes à mesure de la rentrée, comme aussi à veiller sur les meules, les caves et les silos. C'est le moment de la fermentation des denrées nouvelles, il y faut veiller.

Travaux extérieurs. — Vendangez par le beau temps, rentrez les pommes de terre, betteraves..., dans les caves ou les silos. Continuez les autres travaux commencés, et faites ceux qui n'ont pu être entrepris plus tôt. Si vous êtes en avance, commencez les labours préparatoires pour les semailles du printemps, défoncez et défrichez. Faites la cueillette des derniers fruits et les premières plantations d'arbres.

Nota. Il est superflu d'avertir que les agenda, calendriers ou mémoriaux ne sont et ne peuvent être que des indications incomplètes. Leur avantage consiste dans l'idée qu'ils éveillent, dans la réflexion qu'ils suggèrent, plutôt que dans l'énumération plus ou moins exacte qu'ils présentent. En parcourant ces listes imparfaites, le cultivateur se rappelle instinctivement les travaux qui y sont omis.

PREMIER SUJET. — La vendange.

La vendange se fait au mois d'octobre. C'est une des dernières récoltes de l'année. Comme pour mieux récompenser le cultivateur des travaux incessants de toute l'année et des rudes labeurs de l'été, Dieu couronne ses magnifiques libéralités annuelles par le luxe d'un présent vraiment céleste. Il veut que la gaieté succède aux occupations austères, une gaieté digne de l'homme et du chrétien. Quel sujet d'admiration et de reconnaissance!

La qualité du vin dépend en partie des circonstances dans lesquelles se fait la récolte.

D'abord, le raisin doit être mûr. Le signe le plus certain de cette maturité est la saveur sucrée du grain; sans sucre pas de vin généreux ; c'est le sucre qui produit l'alcool, c'est-à-dire la force du vin.

Il faut vendanger par un temps sec. L'eau mêlée à la récolte affaiblit le jus du raisin et nuit à sa fermentation, travail naturel qui en fait une boisson fortifiante (1).

Lorsque tout le raisin n'est pas mûr en même temps, on récolte celui qui l'est, et on laisse mûrir les grappes tardives. Si la saison était trop avancée ou peu favorable, on se contenterait de faire deux cueillettes consécutives et distinctes. Les grains pourris doivent soigneusement être rejetés ; ils altéreraient le bouquet du vin.

On coupe le raisin avec des ciseaux ou un petit sécateur ; le couteau et la serpette égrènent les grappes.

***

2ᵉ SUJET. — **Semailles d'automne.**

Les semailles d'automne sont les plus importantes pour l'agriculture ; sur elles repose l'espérance des récoltes les

(1) La qualité du vin dépend beaucoup aussi de la manière de traiter les grappes et le moût. — En égrappant le raisin, on obtient un vin plus délicat mais qui se garde moins longtemps, parce que la rafle contient le principe acerbe de la conservation. — Le pressurage avant toute fermentation donne le vin blanc ; la matière colorante se trouve dans la pellicule du grain. Le raisin doit être écrasé avant d'être mis dans la cuve, et celle-ci soigneusement couverte durant la fermentation. Ces précautions ont pour but un cuvage uniforme et régulier. — En prolongeant le cuvage, on augmente la couleur du vin, parce que l'alcool dissout une plus grande quantité de la substance colorante, mais il ne faut pas trop retarder le décuvage ; la fermentation pourrait devenir acide.

plus productives de l'année suivante. Les semailles du froment surtout méritent la plus sérieuse attention de la part du cultivateur.

On peut semer le froment jusqu'en décembre, mais il vaut mieux, en général, le semer en octobre. Il y a même des terres où ce travail se fait plus avantageusement en septembre qu'à une époque plus reculée.

Les semailles tardives sont rarement très-productives.

Le froment veut un sol préparé par une bonne rotation. En semant sur fumure fraîche et abondante, on récolte plus de paille que de grain. L'engrais doit être appliqué aux plantes fourragères sarclées et fauchées. Le froment prospère après celles-ci, surtout lorsque la dernière récolte a été retournée (1).

Un sol bien préparé, c'est beaucoup pour la réussite de l'emblavure, mais ce n'est pas tout. Il faut de plus que le champ soit entretenu dans un état parfait de propreté et d'ameublissement; que l'air pénètre jusqu'aux racines et circule librement entre les tiges aériennes.

Les semailles en lignes seules peuvent réaliser complé-

---

(1) La verse des blés est fréquente dans les champs fraîchement fumés. En voici la cause : les engrais de ferme fournissent à la plante de l'azote en abondance et provoquent une végétation luxuriante; mais d'autres substances, également nécessaires à une constitution normale de la tige, sont moins abondantes dans le sol ou deviennent plus lentement assimilables. La silice, par exemple, qui donne aux brins de blés leur rigidité, est assez rare et se décompose difficilement. L'explication est la même pour les terres qui contiennent naturellement trop de matières azotées. Dans un cas, comme dans l'autre, l'équilibre n'existe pas entre les forces productrices du sol. Il ne peut exister dans l'économie de la plante.

rement ces conditions essentielles à la prospérité des cultures de céréales.

Semons de bonne heure et en lignes.

3ᵉ SUJET. — Semailles en lignes.

Il est parfaitement établi en théorie que les cultures en lignes convenablement espacées offrent de grands avantages à l'agriculture. Un certain nombre de cultivateurs français en ont acquis la preuve dans la pratique. Voici sur ce point une expérience décisive faite par un Anglais.

Depuis quatorze ans, il sème du froment dans le même champ d'un sol ordinaire, et sans engrais, grâce à la culture en lignes, il fait une bonne récolte chaque année. La manière de procéder de notre voisin d'outre-Manche est fort simple.

La moitié du terrain est ensemencée, l'autre moitié reste libre entre les lignes et reçoit des labours multipliés. L'année suivante, cette espèce de jachère est ensemencée, tandis que l'autre partie forme les entre-lignes et reçoit les binages réitérés.

Cette disposition et ces travaux suffisent non-seulement pour préparer le sol libre, mais encore pour féconder celui qui est occupé par les lignes de froment. L'air, les pluies et la chaleur trouvant toujours un facile accès autour des plantes et de leurs racines, produisent naturellement ce double effet.

Ce mode de culture ne pourrait être pratiqué partout, et ne donnerait pas toujours peut-être des résultats aussi satisfaisants ; mais il n'en est pas moins évident que cette expérience démontre la bonté des semailles en lignes (1).

4ᵉ SUJET. — **Les silos.**

Les silos offrent un bon moyen de conserver les racines fourragères, telles que pommes de terre et betteraves. On appelle silo une fosse pratiquée dans le sol pour y conserver des racines. Ce nom s'applique aussi à un simple dépôt superficiel couvert de terre (2).

Les silos se font sur les dépendances de la ferme. L'endroit le plus propre à leur établissement est un terrain sec un peu élevé et à l'abri des inondations. Le silo consiste en une fosse proportionnée à la quantité de racines qu'il

(1) Le prix élevé des bons semoirs retardera la culture en ligne dans les petites exploitations. C'est fâcheux, car ce mode de culture ne saurait être trop recommandé. L'achat d'un semoir n'est qu'une avance productive ; elle est remboursée par l'économie sur la semence, sur les travaux d'entretien, sur les labours exigés par les cultures suivantes, et par l'augmentation du produit. Si les petits cultivateurs comprenaient bien leur intérêt, ils achèteraient un semoir en commun ; ce serait pour chacun une faible dépense, qui profiterait à tous.

(2) On donne également le nom de silos à des constructions souterraines destinées à conserver des grains de céréales. Des essais, faits avec beaucoup de soin, ont démontré l'excellence de ce mode de conservation. D'ailleurs du blé retiré de tombeaux égyptiens, après un séjour de plusieurs siècles, et récemment semé, a parfaitement germé et produit des épis superbes. Le secret de cette conservation est tout entier dans une soustraction complète du grain à l'air et à l'humidité.

s'agit de conserver. Un mètre cinquante centimètres de largeur sur cinquante à soixante centimètres de profondeur sont des dimensions très-convenables ; il vaut mieux suppléer à l'insuffisance de ces mesures, par la longueur ou par une seconde fosse pareille, que de les exagérer. On comble cette fosse de racines, et on en met par-dessus, en donnant au tas la forme d'un toit pointu, autant que le permet la base du silo. Le fond et les parois en sont préalablement garnis de paille bien sèche. Dans la masse des racines, on place, de distance en distance, un fagotin, pour ménager une issue aux vapeurs.

Jusqu'aux grands froids, une simple couverture de paille suffit à ces dépôts; alors on y ajoute la terre qui a dû être jetée des deux côtés en creusant la fosse. Plus tard, si la saison est très-rigoureuse, on met par-dessus une bonne couche de fumier long.

5e SUJET. — **Plantation des arbres.**

On plante les arbres à deux époques de l'année, à l'automne et au printemps; lorsque la circulation de la sève s'est ralentie, ou lorsqu'elle va reprendre son activité. Les circonstances décident du choix de la saison.

Dans les terres compactes, très-humides ou sujettes aux inondations, il vaut mieux attendre au printemps. Les racines longtemps plongées dans l'eau seraient, avant d'avoir repris, exposées à pourrir. Le printemps semble aussi convenir mieux pour les espèces délicates et dans les climats très-rudes.

A part ces circonstances qu'il est bon de noter, la plantation automnale est de beaucoup préférable. L'arbre planté à l'arrière saison résiste mieux à la sécheresse de l'été, parce que la terre a eu le temps de se tasser. Il entre d'ordinaire en pleine végétation au renouveau, et gagne une année sur l'arbre planté au printemps.

Mais que l'on plante avant ou après l'hiver, le succès complet de l'opération dépend principalement des qualités du jeune arbre, des soins avec lesquels il est planté, de la terre mise à la disposition de ses racines et de l'entretien dont il est l'objet (1).

Les arbres fruitiers croissent lentement, et il se passe plusieurs années avant que leur produit ait quelqu'importance. En plantant des sujets mal venus ou dont la tige ne soit pas saine, on s'expose à retarder ce produit plus longtemps encore et quelquefois à l'attendre toujours : les jeunes arbres rabougris prospèrent rarement, parfois il faut les greffer de nouveau, le plus souvent on est obligé de les remplacer au bout de quelques années. De là perte d'argent et perte plus regrettable de temps. Le moyen d'échapper à l'une et à l'autre consiste à ne planter que des arbres parfaitement sains et d'une belle végétation (2).

---

(1) Il y a des plantations plus ou moins avantageuses, suivant les localités. Lorsqu'on possède des bas-fonds où le peuplier prospère, c'est une bonne spéculation que d'y cultiver cet arbre. On a constaté que le peuplier rapporte plus d'un franc par an. Un père de famille qui planterait mille peupliers à la naissance de chacun de ses enfants, lui assurerait une dot d'au moins vingt mille francs à l'âge de vingt ans. Les assurances sur la terre sont encore les plus solides et les plus avantageuses.

(2) On est facilement trompé sur la qualité des arbres fruitiers que

Une autre condition de réussite, c'est que les principales racines et le chevelu ne soient ni déchirés ni repliés, mais que ces organes de la nutrition restent aussi intacts que possible et reçoivent une direction avantageuse (1).

Pour les branches, au contraire, il est nécessaire de les rabattre afin que les racines acquièrent plus de force (2).

La fosse destinée au jeune arbre doit être ouverte longtemps à l'avance, afin que les influences atmosphériques en améliorent le sol. L'arbre mis en place, la fosse est comblée de bonne terre.

Les soins particuliers se réduisent à munir l'arbre transplanté d'un tuteur (3), à maintenir l'équilibre entre les forces des racines et celles des branches, en supprimant au besoin une partie de celles-ci, et à donner de l'eau au pied de l'arbre si une sécheresse prolongée l'exige.

l'on achète. Il ne faut donc s'adresser qu'à des pépiniéristes d'une probité notoire.

(1) Les plus fortes racines doivent être dirigées vers le point cardinal d'où viennent les vents les plus violents. Il est bon d'ailleurs l'orienter l'arbre, quand la direction des racines ne s'y oppose point.

(2) Lorsque la plantation a lieu en automne, les branches ne sont rabattues qu'au printemps suivant.

(3) Il faut donner au tuteur la longueur nécessaire pour maintenir l'arbre dans toute sa hauteur, sans quoi on s'expose à voir le vent casser l'arbre au-dessus du tuteur. En plaçant ce dernier au nord de l'arbre, il lui sert en même temps d'abri contre la bise. Il est essentiel aussi de placer, à chaque attache, un bouchon de paille ou une poignée de mousse sèche, entre la tige et le tuteur, pour empêcher que l'arbre ne soit blessé par le frottement contre l'appui.

NOVEMBRE.

Agenda agricole du mois.

Direction. — Le fermier inspecte les champs ensemen
cés, afin de faire tracer des rigoles d'écoulement partout
où cette mesure est utile. — L'engraissement réclame aussi
sa surveillance.

Occupations d'intérieur. — Battez les grains ; faites
marcher la distillerie de façon que les résidus ne manquent
point au bétail et puissent être employés utilement ; soignez
les fumiers ; établissez des composts si vous avez des
détritus propres à la fabrication de ce genre d'engrais ;
remisez tous les instruments dont vous ne faites plus
usage...

Travaux extérieurs. — Terminez les semailles d'automne ; labourez, pour celles du printemps, les terres
fortes ; défrichez les vieilles prairies ; transportez la marne,
le combustible, les pierres pour les chemins ; curez les
fossés et les rigoles d'assainissement. — Continuez les
plantations.

Instruction familière. — Pour que le fermier obtienne,
tout le succès désirable dans son exploitation, il est nécessaire que ses domestiques aient une certaine instruction
théorique. Elle leur fera saisir promptement les procédés
nouveaux et mieux comprendre l'utilité des pratiques

recommandées. Les longues soirées d'hiver peuvent être consacrées à des entretiens familiers sur les éléments de la science agricole. On fait une lecture sur un sujet d'agriculture, puis la conversation s'engage, entre ce fermier et ses domestiques, sur le même sujet. — Ceux-ci émettent leurs idées conformes ou contraires à celles de l'auteur ; le fermier les appuie ou les redresse avec bonté, selon qu'elles lui paraissent justes ou erronées. Cette méthode d'enseignement m'a donné de très-bons résultats. Notre conversation n'empêchait point les occupations ordinaires : les uns tressaient des paillassons, d'autres égrenaient du maïs, ou raccommodaient des harnais... Les domestiques y trouvaient un grand attrait, et souvent s'entretenaient le lendemain des causeries de la veille.

6ᵉ SUJET. — **Labours d'automne.**

Les terres fortes, celles qui sont difficiles à ameublir, se trouvent bien, en général, des labours d'automne. Elles exigent peu de travaux au printemps et peuvent être cultivées de bonne heure. Cette dernière considération est d'une grande valeur, car les cultures précoces réussissent presque toujours.

L'explication de l'effet des labours d'automne est très-simple.

Les terres labourées avant l'hiver absorbent une grande quantité d'eau. En se congelant, l'eau augmente de volume (1), soulève le sol et le déchire en tous sens. Au dé-

---

(1) L'eau se cristallise ou, ce qui est la même chose, passe à l'état

gel, la terre se trouve ameublie par cette action naturelle et violente du froid sur l'eau (1). Les champs ainsi préparés ont à peine besoin d'un léger labour, tandis qu'il est extrêmement difficile de travailler une terre semblable qui n'a pas subi les mêmes influences. Un bon hersage suffit souvent aux sols préparés par un bon labour d'automne.

Cette préparation automnale a encore l'avantage de faciliter l'accès du sol aux agents atmosphériques, d'agir favorablement sur la végétation, et, en faisant pénétrer plus avant dans la couche végétale l'eau et le froid, de détruire un grand nombre d'insectes nuisibles.

Les labours d'automne sont donc d'une grande utilité pour les terres tenaces. Il faut pourtant excepter celles qui se détrempent aisément et forment une sorte de bouillie avec l'eau, lorsqu'elles sont fraîchement labourées. Celles-ci ne doivent être travaillées qu'au printemps, lorsque le sol est parfaitement égoutté.

7e SUJET. — **Défrichements.**

Il est des labours qui se font plus utilement encore avant les gelées. Ce sont les labours de défrichement. Ils s'ap-

----

de glace sous forme d'aiguillettes réunies qui occupent plus de place que le liquide.

(1) La force œ l'eau se congelant est telle que les corps les plus durs n'y résistent point. Une bombe de fonte ou de fer remplie d'eau éclate sous l'action d'un froid assez intense pour faire geler le liquide.

pliquent aux landes, aux pâturages et aux prairies que
l'on veut mettre en culture.

Les défrichements s'exécutent de deux façons : on
défonce d'un coup à 15 ou 20 centimètres pour n'y plus
revenir, ou bien on fait un premier labour de 8 à 10 centimètres de profondeur, et, par un second donné au printemps, on complète l'opération. En cela, comme sur beaucoup d'autres points, on procède suivant les circonstances.

Pour un sol sujet à se tasser par l'effet des pluies, il
est préférable d'opérer le défrichement en deux fois. La
nature du sol et la résistance des racines ne permettent
pas quelquefois de labourer à une grande profondeur.
D'autres fois encore on ne dispose pas de moyens assez
énergiques. Dans ces divers cas, le défrichement se fait
à deux reprises, ce qui est aussi bien, mais plus coûteux.

Les défrichements les plus expéditifs se font à la charrue. Ils sont aussi les moins chers. Il y a des charrues particulièrement appropriées à cet usage ; mais toute charrue,
assez solide pour rompre la terre et résister aux autres
obstacles, peut servir à défricher. Lorsque la couche végétale est peu profonde, le second labour doit être fait avec
une charrue-sous-sol (1).

---

(1) Cette charrue est employée chaque fois qu'il y a utilité de
labourer plus profondément que le sol, et qu'il n'est pas avantageux
de mêler à la terre végétale une partie importante du sous-sol. La
terre ainsi labourée s'améliore et peut être petit à petit ramenée à
la surface par des labours ultérieurs.

Généralement, on ne se rend pas bien compte des avantages qui
résultent des labours du sous-sol, lors même que la nature de celui-
ci n'offre aucune amélioration actuelle à la couche végétale. Pourtant
il est évident que l'eau qui tombe sur la terre tend à descendre, et,
malgré l'imperméabilité du sous-sol, pénètre plus ou moins pro-

fondément dans les couches inférieures. Mais en traversant la terre végétale, les eaux de pluie entraînent inévitablement une certaine quantité de substances fertilisantes. Dans un sous-sol fermé aux racines, soit parce qu'il est naturellement trop dur, soit parce qu'il a été durci par la semelle de la charrue, ces substances sont perdues pour la végétation.

Au contraire, lorsque le sous-sol est labouré, les racines y vont chercher ces substances précieuses. D'un autre côté, comme le sous-sol est composé de substances minérales, les plantes y puisent celles de ces substances dont elles ont besoin, et qu'elles ne trouvent point dans le sol. Après l'enlèvement de la récolte, les racines qui ont pénétré dans le sous-sol s'y décomposent et en augmentent la partie végétale. A la longue, il se forme de la sorte une nouvelle couche végétale sous la première; le sous-sol se trouve reporté à 15 ou 20 centimètres plus bas.

Les labours du sous-sol ont donc pour effet immédiat de mettre à la disposition des plantes une plus grande quantité de nourriture, et pour effet éloigné de doubler la profondeur de la couche végétale.

L'avantage de ce dernier résultat est incalculable. Dans un sol profond, les plantes ne souffrent ni d'un excès d'eau ni d'une sécheresse prolongée : la même quantité d'eau est moins sensible, dans une couche de 25, 30 ou 40 centimètres, que dans une autre de 15 à 20 centimètres, et encore la plus grande humidité existe naturellement au fond; par les grandes sécheresses l'eau des couches inférieures monte à mesure que la croissance des plantes l'exige ou que le soleil et l'air enlèvent l'humidité des couches superficielles, et, par là, empêche l'évaporation des gaz fertilisants.

On peut se faire une idée de l'ascension de l'eau dans le sol, en trempant le bout d'un morceau de sucre blanc dans une infusion de café. Le liquide noir monte rapidement vers les doigts et se répand dans tout le morceau de sucre, par suite d'une attraction particulière connue sous le nom de *capillarité*. Une force semblable fait monter l'eau dans le sol. Il est probable que l'absorption des plantes et l'évaporation, par l'appel qui en résulte, n'y sont pas étrangères.

8e SUJET. — **Marnage.**

La marne est un mélange de chaux, d'argile, de sable et parfois de substances végétales, mais toujours en petites quantités, qui se trouvent dans la terre par gisements plus ou moins considérables. Elle est très-abondante dans la nature, comme toutes les substances d'une grande utilité ; souvent il suffirait de creuser dans le sol même qui a besoin de marne pour y trouver à une faible profondeur cet engrais minéral.

Toutes les substances dont se compose la marne concourent, dans un certain cas, à l'amélioration du sol, mais la chaux en est la partie la plus précieuse (1).

Le calcaire de la marne se délite difficilement. Il faut l'exposer pendant des mois entiers aux alternatives de la chaleur, de l'humidité et de la sécheresse. Les grands froids sont particulièrement propres à rendre la marne friable. On la dépose par petits tas sur le champ qui la doit recevoir. Au printemps, on la répand le plus également possible, et on l'enterre par un labour superficiel ou un hersage croisé.

(1) La chaux existe dans la marne à l'état de carbonate, c'est-à-dire unie à l'acide carbonique, dans la proportion de 40 p. 0/0 de ce gaz pour 60 de chaux.

Le carbonate de chaux contenu dans la marne varie de 20 à 90 p. 0/0. La quantité de marne à employer se règle sur sa richesse en carbonate de chaux, sur la nature du sol auquel on la destine et sur les récoltes qui en doivent profiter. Le trèfle, le froment et les betteraves exigent plus de chaux que la plupart des autres plantes agricoles.

La quantité de marne à employer dépend de sa richesse en calcaire et du besoin que le sol a de cet engrais. L'effet de la marne se fait sentir très-longtemps. Lorsqu'elle n'est pas bien délitée, son action n'est pas sensible immédiatement. L'emploi de la marne, loin de dispenser le cultivateur de fumer ses terres, l'oblige à les fumer davantage, sous peine de les epuiser en quelques années. En fumant en proportion de l'effet produit par la marne, il obtient des récoltes superbes, et ses terres s'améliorent plutôt qu'elles ne dépérissent.

9e SUJET. — Engrais liquides.

Lorsque le fumier est placé en plein air et à découvert, ainsi que c'est le cas généralement, il reçoit des eaux de pluie en abondance. Ces eaux traversent le tas, entraînant avec elles les parties les plus actives de cet engrais, et, si l'on n'y met obstacle, vont se perdre dans les égouts, les mares ou les ruisseaux. C'est une perte considérable pour le cultivateur.

La valeur du fumier consiste beaucoup moins dans la litière que dans les parties animales dont elle est imprégnée. Eh bien ! ce sont précisément ces substances éminemment fertilisantes qui sont enlevées par ces lavages. Si les pailles ont reçu un commencement de décomposition, les eaux emportent également les sels fournis par la partie végétale du fumier. Il ne reste qu'un résidu sans force ni valeur. Voici un moyen d'éviter cette perte.

Au point de la place à fumier où le purin s'écoule naturellement, on creuse une fosse de la capacité d'un grand tonneau. Si la terre n'est pas imperméable, on garnit de terre glaise l'intérieur de ce réservoir. A mesure que la fosse se remplit de purin, on le recueille dans un vieux tonneau placé sur l'arrière d'une voiture, et on le conduit dans les champs ou les prairies. Cet engrais pénètre dans le sol, et, à la reprise, donne une grande vigueur à la végétation.

En ajoutant au purin (1) les urines et les vidanges, on en augmente la force d'une manière considérable. Un agriculteur intelligent et soigneux ne néglige point une pratique aussi avantageuse.

10e SUJET. — **Engraissement.**

A la fin du mois de novembre, les travaux extérieurs étant à peu près terminés, et les froids suspendant parfois les labours préparatoires, le cultivateur s'occupe de l'engraissement de ses bœufs et vaches de réforme. Le plein succès de cette entreprise est subordonné à plusieurs conditions.

(1) On confond souvent le purin avec les urines. Ces deux noms ne désignent pas la même chose. Les urines sont produites directement par les animaux; le purin est un mélange d'urines et d'eau chargée de substances diverses provenant des fumiers.

Le purin peut aussi servir à améliorer les fumiers. Dans un petit traité spécial intitulé : *Manière de traiter les fumiers, le purin et les engrais humains*, j'ai indiqué une méthode simple et rationnelle pour la confection des fumiers.

D'abord, l'animal doit être dans un état de santé parfaite; on perdrait ses peines et ses dépenses à vouloir engraisser une bête languissante.

La nourriture doit être abondante, substantielle et variée. Le mérite des deux premières conditions de la nourriture s'explique de lui-même; on ne pourrait espérer d'engraisser un animal en le faisant jeûner ou en lui donnant des fourrages peu nourrissants. La variété est nécessaire pour prévenir le dégoût. Si l'on pouvait connaître les préférences naturelles de chaque bête mise à l'engrais, il y aurait avantage à lui donner sa nourriture de prédilection; elle en ferait une grande consommation et engraisserait rapidement (1). Les substances légèrement fermentées sont d'une facile digestion et plaisent aux animaux. L'engraissement au moyen des résidus de la distillerie, de la féculerie et d'autres industries agricoles, est le plus économique.

Le logement et les soins sont également importants. Les animaux à l'engrais doivent être logés chaudement. L'obscurité et l'éloignement du bruit leur sont favorables. La propreté est une autre condition de réussite dans l'engraissement (2).

---

(1) On a imaginé un moyen assez ingénieux pour connaître le goût d'un animal pour telle ou telle nourriture. On met dans un certain nombre de cases séparées de l'auge, ou dans autant de baquets placés devant l'animal, une ration des divers aliments dont on dispose. Libre de choisir, l'animal donne naturellement la préférence à celui qui est le plus de son goût. On répète cette expérience plusieurs jours de suite; si l'animal persiste dans son choix, il n'y a pas de doute que le fourrage préféré ne soit la nourriture qui lui convient le mieux.

(2) En Angleterre, où l'engraissement, comme tout ce qui concerne

DÉCEMBRE.

Agenda agricole du mois.

Direction. — Surveillez les silos, les meules et les greniers. — Choisissez le moment favorable pour la vente des grains et des bestiaux gras ou maigres. — Livrez-vous à quelques expériences relatives à la nourriture ou à l'engraissement des animaux, expériences qu'il vous serait impossible de suivre dans une autre saison, et dont il peut résulter un avantage pour vous et un progrès pour la science.— Faites l'inventaire complet de votre exploitation.

les animaux domestiques, est si bien compris, on va jusqu'à envelopper de couvertures de laine les bœufs à l'engrais. Par ce moyen, on empêche la déperdition du calorique, et une partie des aliments destinés à entretenir la chaleur naturelle se convertit en graisse. D'un autre côté, la moiteur habituelle de la peau favorise le rapide développement d'une chair délicate.

Un soin moins extraordinaire et très-utile, au début de l'engraissement surtout, consiste à étriller et bouchonner les animaux une fois par jour au moins. Ce pansement dégage les pores, stimule l'activité vitale de la peau, et, par là, contribue au bien-être physique de l'animal, à son engraissement.

Il ne faut pas oublier que le corps de l'animal est une machine à fabriquer de la chair et de la graisse, et que cette opération exige que toutes les parties de l'appareil, estomac, système circulatoire, pores, etc., fonctionnent régulièrement et sans difficulté. Tous les soins doivent tendre vers ce but; l'engraissement profitable ne s'obtient qu'à cette condition.

Occupation d'intérieur. — A l'intérieur, on continue les occupations du mois précédent. Quoique les journées soient courtes, il y a encore du temps de perdu dans les fermes qui n'exploitent pas quelques industries agricoles, et le chef de ces établissements doit sentir l'indispensable nécessité de combler la lacune. Qu'il entre dans cette voie, et bientôt il aura d'autres motifs encore d'apprécier comme elles le méritent ces utiles industries. Du reste, c'est dans l'état actuel des choses, le seul moyen de retenir les travailleurs dans les campagnes. Que l'ouvrier agricole ait dans les fermes un travail convenablement rétribué, assuré toute l'année, et il ne songera pas à s'éloigner des lieux où il est né, où il a sa famille et ses affections ! Il y aura profit pour tous, pour vous, pour l'ouvrier, pour la société.

Travaux extérieurs. — Au dehors les travaux sont également les mêmes qu'au mois précédent. Une bonne précaution à prendre c'est de rechercher les anneaux des chenilles pour les brûler. — On élague les haies et les arbres. On procède dans les prairies aux travaux de terrassement que la température permet d'entreprendre. — On fait divers charrois retardés par les travaux des champs.

11ᵉ SUJET. — **Curage des fossés.**

Si toutes les rigoles d'écoulement n'ont pu être établies en octobre et en novembre, il est grand temps de s'en occuper. Sans cette précaution, des flaques d'eau couvriraient les champs. Ces eaux nuisent aux terres destinées aux cultures printanières, et sont très-préjudiciables aux emblavures de l'automne.

Mais, pour que l'écoulement ne soit pas entravé, il est nécessaire aussi de curer les fossés auxquelles aboutissent les rigoles. La vase qu'on en retire constitue un excellent engrais. On la dépose au bord des fossés, et lorsqu'elle est suffisamment égouttée, on la conduit sur les champs et dans les prairies. Si elle est mêlée d'herbes, on ne l'emploie qu'à l'automne suivante, afin que ces plantes soient pourries (1).

Dans les terrains peu consistants, il faut éviter de toucher aux talus des fossés pour que l'herbe s'y fortifie et maintienne la terre. Dans ce cas, on se contente de curer le fond des fossés.

12e SUJET. — Commerce agricole.

L'agriculture est une science, un art et une industrie. Le

---

(1) On peut aussi se servir de la vase retirée des fossés, des mares et des étangs pour faire des composts. Mais, avant d'entreprendre un tel travail, il faut calculer le prix de l'engrais obtenu par ce moyen S'il devait revenir plus cher que des engrais plus énergiques ou équivalents, ce qui est parfois le cas avec les composts, il y faudrait renoncer. Il ne suffit pas qu'un procédé soit bon en lui-même ou dans d'autres circonstances; il faut qu'il soit profitablement applicable. Le bénéfice net est la pierre de touche, en agriculture comme dans l'industrie. On exagère singulièrement, ce me semble, l'importance des composts pour la grande et la moyenne culture. Ils sont même rarement avantageux pour la petite. On oublie que l'agriculture n'est pas le jardinage.

progrès agricole, pour être réel, fécond et durable, porte
nécessairement sur ces trois éléments à la fois : il faut que
l'étude des principes, le perfectionnement des pratiques et
l'intelligence commerciale marchent de front.

On sait en quoi consiste le progrès de la science et de
l'art agricoles; que doit-il être au point de vue commer-
cial ou industriel?

Le commerce a longtemps été et, pour certains mar-
chands, est encore l'art de tromper les acheteurs. Le légis-
lateur a dû armer la justice de peines sévères contre la
pratique d'un pareil art. Ce n'est donc pas dans cette voie
que le cultivateur trouverait le progrès.

Adopter un système suranné, réprouvé par la morale,
repoussé par le commerce honnête, répugnant aux idées
larges et généreuses, et que l'instruction générale rendra
bientôt impossible, serait un triste progrès pour l'agriculture. Aussi n'est-ce point ainsi que je l'entends.

Il faut que le cultivateur apprenne à produire, au meilleur marché possible, les matières premières des industries agricoles, à les convertir en bonnes marchandises
avec économie, et à placer avantageusement, sans onéreux
intermédiaires, les produits de son industrie; mais la probité la plus rigoureuse devra toujours présider à toutes ses
transactions.

Qu'il apprenne du commerce à apprécier les circonstances, à concentrer son attention et ses efforts sur le
point indiqué par elles, à gagner ses concurrents de promptitude dans l'exécution, à saisir le moment opportun pour
l'achat comme pour la vente; mais que sa loyauté le re-
tienne constamment éloigné des voies tortueuses du men-
songe, de la mauvaise foi et de la fraude.

Le commerce agricole doit être le commerce de l'honnête homme (1).

(1) Voici ce qu'on lisait à ce propos dans les premières éditions de mon *Catéchisme agricole* :

Considérations sur le commerce des denrées agricoles.

D. Comment l'agriculteur doit-il se comporter à l'égard des personnes qui achètent les produits de son exploitation?

R. La conduite d'un agriculteur doit être celle d'un homme probe et loyal.

D. Qu'exige la loyauté qu'il doit apporter dans la vente de ces produits?

R. La loyauté exige non-seulement qu'il ne falsifie en aucune façon les produits destinés à la vente et qu'il ne cherche point à tromper d'une autre façon, mais aussi qu'il ait la délicatesse de ne pas profiter de l'ignorance ou de l'erreur de l'acheteur.

D. Expliquez cette pensée?

R. Un agriculteur loyal, loin d'humecter, par exemple, des denrées vendues, dans le but d'en augmenter le poids ou le volume, ne laissera point ignorer la véritable qualité des produits qu'il met en vente.

D. Il ne vendrait donc pas du colza d'été pour du colza d'hiver, ou de la navette pour du colza?

R. Le faire, serait manquer à la probité, quand même il profiterait simplement de l'ignorance ou de l'erreur de l'acheteur.

D. Faut-il appliquer aussi au commerce des bestiaux ce qui vient d'être dit spécialement pour les plantes agricoles destinées à la vente?

R. Certainement, et avec d'autant plus de raison que le préjudice pour l'acheteur et le bénéfice illicite pour le vendeur seraient plus considérables.

D. Il faut donc condamner comme fort peu innocentes les manœuvres ou ruses à l'aide desquelles on trompe les acheteurs?

R. Ce sont, aux yeux des honnêtes gens, de véritables friponneries.

13e SUJET. — **Le progrès agricole.**

Tout le monde est d'accord pour proclamer les avantages, la nécessité du progrès agricole ; on ne l'est guère
sur ce qu'il faut entendre par progrès en agriculture. Les
uns le placent dans les instruments, les autres dans les
races d'animaux, ceux-ci dans le crédit agricole, ceux-là
dans les grandes propriétés, d'autres encore dans le drainage, les cultures nouvelles, les engrais du commerce.....

En présence des motifs invoqués par chaque opinion,
vous vous rappelez qu'un de vos voisins s'est ruiné malgré
ses charrues perfectionnées, ses machines à battre, à faucher et à moissonner. Vous n'êtes pas bien certain même
que ce bel outillage n'a pas un peu contribué à sa ruine;
un autre a dû vendre sa ferme pour avoir acheté des animaux trop beaux; un troisième roulait sur l'or et l'a dé-
pensé sans profit pour son exploitation (1). Vous savez que
c'est la moyenne culture qui donne la supériorité à l'agriculture anglaise. Vous avez visité des exploitations où le
drainage a été pratiqué, où l'on cultive toutes les plantes
nouvelles, où le guano, le noir animal, la poudrette...,
sont employés, et qui ne sont pourtant pas des modèles à
suivre. Lorsque tous les amis du progrès agricole ont
cessé de parler, vous vous demandez avec tristesse ·
Qu'est-ce donc que le progrès agricole ?

(1) Beaucoup d'agriculteurs se sont lancés à corps perdu dans
toutes les innovations coûteuses, sans se demander si elles seraient
productives pour eux, et, par leur enthousiasme inconsidéré, ont con-
sidérablement nui au progrès agricole : en voyant les *savants* se
ruiner, le cultivateur a pris la science en suspicion et s'est cram-
ponné à la routine.

Le progrès agricole résulte de l'intelligente combinaison de tous les moyens qu'on vous a vantés et de leur emploi suivant les circonstances. Tous ces moyens sont bons, excellents, selon les cas; il faut savoir s'en servir pour ne pas reculer au lieu d'avancer. Le progrès consiste quelquefois à savoir s'en passer.

Dans une pendule il y a plusieurs roues; il n'est pas indifférent de les placer au hasard. Bien disposées, elles fournissent un mouvement régulier; dans le cas contraire, leur action est nulle.

Le mouvement progressif de l'agriculture dépend d'un principe semblable.

Un bon horloger fait de bonnes pendules.

Le cultivateur intelligent, observateur et instruit, réalise le progrès agricole.

14e SUJET. — Associations.

Lorsqu'on indique aux petits cultivateurs, à ceux qui arrivent tout juste à joindre les deux bouts de la recette et de la dépense, des moyens d'améliorer leur position; lorsqu'on leur parle de meilleures races d'animaux, d'instruments moins mauvais, de semoirs, de machines à battre, de moissonneuses...., ils répondent invariablement : Cela n'est pas pour nous; nous sommes trop pauvres pour y prétendre !

C'est précisément parce que vous êtes pauvres que je vous parle de tout ce qui pourrait, sinon vous enrichir, du moins améliorer votre sort, car j'ai le plus vif désir de

vous aider, par mes recherches, à sortir de l'état de gêne
où vous vous résignez. Les riches n'ont que faire de mes
conseils, ils ont de l'argent pour acheter bestiaux et machines.

Eh bien! vous avez un moyen plus sûr, plus puissant
que la richesse, vous avez l'association. Ce qu'un d'entre
vous ne peut faire seul, vous le pourrez à deux, à trois, à
six, à dix. Voyez les grandes usines, les riches manufac-
tures, les chemins de fer, l'association seule les a rendus
possibles. Voyez aussi les abeilles et les fourmis. Est-ce
qu'un de ces insectes, livré à sa faiblesse, pourrait seulement se suffire? Réunis par les liens providentiels de l'association, ils produisent des chefs-d'œuvre d'art, réalisent
des prodiges de force et d'industrie.

Chacun de vous ne pourrait acheter une machine à
battre; achetez-en une en commun. Les associés s'en ser-
viront d'abord, puis ils la loueront à ceux qui en voudront
profiter (1). Le même principe peut s'appliquer à toutes les
améliorations. Il y a là une source inépuisable à laquelle

---

(1) Il y a quelques années, en visitant les départements de l'ancienne Franche-Comté, j'ai vu une machine à battre qui n'avait
coûté que deux cents francs. Elle était montée sur un bâtis en
forme de voiture, et roulait sur quatre roues. Un seul cheval attelé
dans la limonière traînait cette machine d'un village à l'autre, d'une
ferme à une autre, par tous les chemins. Le propriétaire de cette
batteuse ambulante gagnait tous les ans au delà du prix d'achat de
sa machine.

Je n'en ai pas rencontré depuis dont la construction soit plus
simple. Le mécanisme ressemble à celui des autres machines; mais
le manége est le plancher même de la voiture. Il est articulé et
forme une chaîne sans fin. Pour mettre la machine en état de fonc-
tionner, on ôte les deux roues de devant, ce qui donne une pente

vous pouvez puiser, à peu de frais, des avantages réels : avantages pécuniaires très-grands, avantages moraux immenses.

L'association est la force des faibles.

15ᵉ SUJET. — **Comptabilité.**

La comptabilité est le complément nécessaire de l'agriculture progressive. Elle peut être plus ou moins compliquée, plus ou moins parfaite, mais une comptabilité régulière, et aussi complète que possible, est indispensable. Par comptabilité, on entend l'ensemble des écritures exigées par les dépenses et les recettes d'une entreprise, et qui permettent de se rendre exactement compte du bénéfice réalisé ou des pertes éprouvées.

Le progrès agricole n'est ni une abstraction ni une chose particulière qui, dans certaines circonstances, s'ajoute aux pratiques usitées; ce n'est même pas un perfectionnement apporté à telle ou telle partie, comme celui qui résulte d'instruments mieux conditionnés, d'animaux plus parfaits.....

Le progrès de l'art cultural, c'est un bénéfice net plus élevé, plus constant, obtenu dans une exploitation. Quel moyen a-t-on de constater cet heureux résultat?

En agriculture aussi bien que dans le commerce, le bé-

---

au plancher; on abaisse un volet destiné à faire pont, et l'on y fait monter un cheval ou un bœuf. Le plancher cède sans cesse sous les pas de l'animal, et la machine marche avec une grande vitesse.

néfice n'augmente pas sans cause, sans des avances plus fortes. La différence en plus des produits sur les avances constitue le bénéfice.

Les avances du cultivateur, c'est le capital mobilier, le travail, l'argent, le bétail, l'engrais; ce sont tous les moyens de production. Si l'on n'inscrit pas ces avances d'un côté, et, en regard, les produits obtenus, afin de pouvoir faire la balance, c'est-à-dire connaître la différence entre les deux, on ignore si les avances faites à la terre ou au bétail ont été productives, sans résultat ou en pertes; on marche en aveugle, rien n'avertit qu'il faut changer de système cultural; on ne sait si les bestiaux sont d'un bon rapport; on perd d'un côté ce que l'on gagne de l'autre, quand on ne perd pas des deux côtés à la fois; on se donne beaucoup de mal pour arriver à n'avoir aucun bénéfice, quand on ne se ruine pas, faute de connaître le résultat de ses combinaisons.

La comptabilité est la véritable boussole du cultivateur (1).

(1) Il y a des cultivateurs qui réussissent sans tenir des livres de comptabilité. Sans doute, mais les cultivateurs assez heureux ou assez intelligents pour réussir sans écritures n'auraient-ils pas doublé, triplé leurs bénéfices, si une bonne comptabilité leur avait fait éviter des pertes importantes dont ils ne se doutent pas? Et puis, combien de cultivateurs travaillent durement toute leur vie, sans rien amasser? Combien d'autres courent à leur ruine, tout en se donnant beaucoup de mal? La comptabilité ne fait pas la prospérité, elle la constate. Les meilleures écritures n'empêchent pas les pertes, elles avertissent du danger qu'il y a de persister dans la voie qui y conduit. La tenue de livres réguliers est toujours précieuse; elle est indispensable lorsqu'il s'agit d'introduire des méthodes nouvelles; il n'y a pas d'autre moyen d'en apprécier sûrement la valeur pratique.

JANVIER.

Agenda agricole du mois.

Direction. — Après avoir fait l'inventaire, base de la comptabilité, le fermier s'occupe des modifications dont l'utilité lui est démontrée; il examine son assolement et les rotations adoptées pour modifier, compléter ou maintenir la distribution établie, selon les résultats obtenus. — Il surveille les emblavures, surtout à la fonte des neiges; il fait mettre en état les instruments qu'il possède et songe à ceux qui lui manquent. Si les bâtiments exigent des réparations, il évalue la dépense de celles-ci. — Les fourrages doivent être l'objet d'une attention particulière; il ne faut pas attendre que la provision soit épuisée pour aviser au moyen d'y suppléer. — L'achat des animaux doit préoccuper aussi le fermier sous le double rapport du travail et de la rente; il veille à ce que les écuries et les étables soient suffisamment aérées et tenues avec une grande propreté.

Occupations d'intérieur. — On achève de botteler le foin, on crible les grains, on fabrique des râteaux, des manches à fourches, à pelles, à bêches, des paniers....; on donne aux instruments aratoires une nouvelle couche de peinture pour les rendre plus durables; les harnais reçoivent un coup d'éponge, et, quand ils sont secs, on les graisse soigneusement à l'endroit; on blanchit à la chaux les logements des animaux domestiques.

Travaux extérieurs. — Si l'état de la terre le permet,
on continue les labours préparatoires; s'il gèle, on trans-
porte fumiers, marnes et pierres pour constructions et
chemins, on entretient les rigoles d'assainissement et d'é-
coulement, on taille les haies. — Dans certaines localités,
un touchant usage veut que les habitants d'une même
commune, et parfois des communes voisines, s'entr'aident
dans les constructions importantes. Les uns transportent
les pierres que d'autres ont tirées de la carrière, ceux-ci
voiturent les arbres abattus par ceux-là, tous contribuent
d'une façon ou d'une autre à la dépense du bâtiment. Cet
usage devrait être général; rien n'est plus propre à entretenir les sentiments de bonne confraternité que ces services
réciproques.

16e SUJET. — **Assolement.**

Le mois de janvier est l'époque de l'année où le cultivateur jouit de quelque loisir. Il en profite pour s'occuper
d'une foule de détails qui ont dû être négligés pendant les
forts travaux des champs. C'est aussi le moment de revoir
l'*assolement* de l'exploitation, de fixer ses idées au sujet
des améliorations à introduire dans les étables, et de dres-
ser le plan général de la campagne prochaine. L'inventaire
lui sert de guide.

On sait que l'assolement est la division des terres de la
ferme en plusieurs parties que l'on appelle *soles*. Chaque
sole produit une récolte différente et change de culture
pendant un certain nombre d'années. Ce changement suc-

cessif de cultures se nomme *rotation*. La rotation la plus courte s'opère en deux ans.

La bonté de l'assolement est le point de départ du progrès agricole. Il doit être tel que le sol puisse, dans l'intervalle de deux cultures semblables, et sans cesser de produire, réparer la perte que la production d'une plante lui a fait éprouver. Ce n'est ni l'assolement biennal, ni l'assolement triennal, ni, le plus souvent, l'assolement quadriennal, qui procure cet avantage. Il faut en adopter un qui satisfasse sous tous les rapports aux besoins des productions combinées avec les ressources de la ferme.

L'assolement ne saurait être déterminé d'une manière générale, mais il repose sur un principe applicable partout. Ce principe découle de cette vérité incontestable : le bétail est une double source de richesse, richesse par lui-même, richesse par l'engrais qu'il fournit. Toute l'attention du cultivateur doit être dirigée sur ce point capital qui renferme le secret du progrès agricole.

Mais l'assolement, pour produire son effet, doit servir de base à une succession rationnelle des plantes, à une rotation appropriée à la fécondité du sol et aux moyens que l'on a de l'entretenir (1).

---

(1) Voici quelques exemples d'un assolement progressif. Ils sont empruntés au *Manuel de l'agriculteur commençant*, par Schwerz.

Assolement de 4 ans:	**Assolement de 5 ans:**
1. Pommes de terre,	1. Pommes de terre.
2. Avoine,	2. Seigle puis navets,
3. Trèfle,	3. Avoine,
4. Blé et navets en récolte dérobée.	4. Trèfle,
	5. Blé, puis navets.

17e SUJET. — **Rotations.**

D'après ce qui précède, l'assolement est loin d'être parfait par lui-même; il emprunte ses qualités, bonnes ou mauvaises, à la manière dont les cultures s'y succèdent, à la rotation des plantes.

L'ensemble des terres arables d'une ferme pourrait être représenté par un cadran semblable à celui d'une pendule; les signes horaires du cadran se rapporteraient aux différentes divisions de l'exploitation; les chiffres seraient remplacés par la désignation des soles. Sur ce cadran tourneraient, avec des vitesses différentes, comme sur celui de la pendule, un certain nombre d'aiguilles. Sur l'une on lirait : plantes sarclées avec fumure; sur la suivante, cultures printanières; sur une autre, trèfle; sur la quatrième, fro-

Assolement de 6 ans:

1. Pommes de terre ou fèves,
2. Orge,
3. Trèfle,
4. Tabac,
5. Blé,
6. Avoine.

Assolement de 7 ans:

1. Pavots fumés, trois fois sarclés,
2. Blé, puis navets sarclés deux fois,
3. Fèves fumées et sarclées,

4. Blé,
5. Orge,
6. Trèfle plâtré,
7. Blé.

Assolement de 8 ans

1. Tabac,
2. Blé, puis navets,
3. Pommes de terre,
4. Méteil,
5. Chanvre,
6. Orge,
7. Trèfle,
8. Blé, puis navets.

ment; sur une autre encore, plantes industrielles, et ainsi de suite, selon l'assolement (1).

Ces aiguilles se suivraient dans l'ordre des cultures et exécuteraient leur révolution en trois, quatre, cinq, six, sept, huit ou neuf ans, suivant la rotation adoptée. L'aiguille à marne et celle à trèfle, par exemple, ne feraient le tour du cadran, quel que fût l'assolement suivi, qu'en six ou huit ans, parce que la marne agit très-longtemps et que le trèfle ne prospère point quand il revient dans une sole à intervalles trop rapprochés.

18e SUJET. — **Rôle de la terre dans la végétation**.

Pour bien comprendre l'utilité d'un long assolement, il faut se rendre compte du rôle que joue la terre dans la pro-

---

(1) Cette pendule agricole exigerait un mécanisme très-compliqué. Celui de la fameuse horloge astronomique de la cathédrale de Strasbourg ne l'est guère davantage. L'exécution de ma pendule ne tentera donc point les mécaniciens.

Mais on peut arriver au même résultat avec un plan terrier de la ferme; les aiguilles sont remplacées par de petits drapeaux mobiles. On plante ceux-ci dans la division à laquelle se rapporte leur inscription; à la fin de l'année on les avance d'une sole. C'est ainsi que procède, sur la carte du champ de bataille, le général qui commande une armée.

Pour rendre cette idée sensible aux élèves, le maître pourrait tracer un plan terrier sur le tableau noir, avec les divisions d'un assolement. La configuration est indifférente; les terres labourables offrent toutes les formes. Des épingles passées dans des bouts de papier peuvent figurer les petits drapeaux.

duction des plantes. Avec des idées fausses ou incomplètes
sur cet agent principal de la végétation, il est impossible
de s'élever à la hauteur de ce phénomène.

Le sol est plus et mieux qu'un milieu passif, un réservoir sans action ; c'est un laboratoire où fonctionnent sans
cesse d'innombrables creusets, d'invisibles cornues ; c'est
la grande manufacture de la divine Providence.

Les plantes sont les métiers de cette mystérieuse fabrique ; les insectes en sont les ouvriers dociles (1) ; les élé-

---

(1) Nous nous demandons volontiers à quoi servent les insectes, et,
à la vue de cette foule d'êtres nuisibles, nous sommes tentés de
douter de la sagesse du Créateur. Notre présomptueuse ignorance
va jusqu'à la folie de ce blasphème. A quoi servent les insectes? A
préparer ta subsistance, à embellir, à assainir le lieu de ton exil; à
te nourrir, te protéger et te distraire pendant le rapide voyage que
tu fais à travers les ronces et les épines de la terre, ô créature
aveugle et bornée!

Voyez ce lombric, ce ver qui sort de la terre : pourquoi creuse-t-il
le sol en tous sens, mangeant de la terre, la rendant digérée, et
après un certain temps de ce dur et ingrat labeur, engraissant le
sol de sa propre substance? Pourquoi la taupe se livre-t-elle à ce
travail fatigant de mineur qu'elle exécute sans relâche ni repos?
Pourquoi la terre est-elle comme saturée d'êtres microscopiques qui
naissent et meurent sans que nous puissions seulement constater
leur passage dans l'existence? Pourquoi cette dévorante, cette inces-
sante destruction des plantes par les animaux et d'un animal par
l'autre? Pourquoi, en un mot, cette éternelle réaction de la mort
contre la vie et de la vie contre la mort? Spectacle effrayant ou su-
blime, plein de doute ou d'un légitime orgueil, selon le jour, sinistre
ou radieux, qui éclaire la vaste scène!

Mais est-il possible de se tromper sur le but de cet immense
travail, de ces transformations continuelles? N'est-il pas évident que
la terre n'est féconde qu'à cette condition? Si l'homme pouvait détruire les insectes, la terre cesserait bientôt de produire des plantes.

ments, la matière première ; le cultivateur, le contre-maître ; Dieu, le souverain directeur.

De cette merveilleuse usine sortent chaque année, sous des formes variées à l'infini, et la nourriture et les vêtements, et tout le bien-être matériel des millions d'hommes qui couvrent le globe, du levant au couchant, du sud au nord, comme aussi la pâture des animaux sans nombre qui peuplent les forêts, des légions de poissons qui animent les mers, et des nuées d'oiseaux qui égayent l'air par leur chant mélodieux.

19° SUJET. — **Suite du précédent.**

Nous avons comparé le sol à une usine. Comment justifierons-nous cette comparaison, imparfaite comme toutes les comparaisons ? Voyons ce qui se passe dans une usine, en parcourant la plus simple de toutes, la distillerie agricole.

Je vois d'abord que l'on cuit les pommes de terre, en faisant passer la vapeur dans des tonneaux qui les contiennent ; puis, on les écrase entre deux cylindres tournant en sens contraires ; ensuite, on les pétrit avec un ferment dans de grandes cuves. On ne les met dans l'alambic qu'au bout de quelques jours.

Heureusement, le Créateur a déjoué un tel aveuglement ; une fécondité prodigieuse garantit l'insecte contre la fureur destructive de l'homme. Dans l'ordre de la création, les insectes ne sont pas des êtres nuisibles mais utiles ; l'homme, en détruisant l'harmonie naturelle, en a fait des destructeurs incommodes et dangereux.

Pourquoi tant de peines et de temps perdus? Ne vau-
drait-il pas mieux distiller les pommes de terre sans toutes
ces préparations? Essayez, et vous n'en tirerez pas une
goutte d'eau-de-vie. Le sucre est indispensable à la production de l'alcool; la pomme de terre n'en contient point.
Mais elle renferme de la fécule, et celle-ci peut être con-
vertie en sucre par la fermentation. Les manipulations qui
précèdent la distillation n'ont pas d'autre but.

Il se passe quelque chose d'analogue dans la formation
des substances qui produisent les plantes, avec cette différence que ces substances se forment plus lentement : dans
la grande fabrique de la nature, les jours sont des années.
Les engrais fournissent certaines parties, mais il y en a
d'autres qui sont nécessairement élaborées par le travail
du sol même, et dont la production exige du temps. Faites
revenir une plante dans un champ, avant que cette nourriture soit prête, votre récolte sera manquée.

Le rôle de la terre consiste à préparer la nourriture des
plantes. Nous pouvons lui faciliter ce travail par les labours; nous pouvons même hâter cette préparation par
des stimulants, tels que les calcaires, mais nous ne pouvons pas supprimer tout à fait le temps qu'elle exige.

20e SUJET. — Suppression de la jachère.

Un bon assolement et une rotation convenable rendent
la jachère inutile; ils la remplacent avantageusement.

La jachère a pour but de donner au sol le temps de réparer ses forces épuisées ou notablement affaiblies. Les

forces de la terre sont les substances nécessaires à la végétation des plantes. Par une rationnelle succession des plantes, on atteint le même résultat.

Toutes les plantes se nourrissent de certains éléments communs qui ne manquent jamais dans le sol ; mais chaque espèce de plante exige, pour prospérer, une nourriture spéciale. Cette nourriture particulière est généralement moins abondante dans la couche végétale, et s'épuise par deux ou plusieurs récoltes successives. Une seule récolte suffit souvent pour produire cet épuisement.

Prenons pour exemple le froment, le seigle, l'orge et l'avoine. Les grains de ces céréales contiennent beaucoup de potasse, de magnésie, de phosphore, de chaux et de silice. Toutes ces substances émanent du sol. Il est rare que deux cultures successives des plantes qui viennent d'être nommées n'enlèvent point au sol la presque totalité du phosphore, de la silice ou d'une autre de ces substances. Une seule récolte en absorbe trop pour qu'une nouvelle culture de céréale puisse prospérer, même à l'aide de fortes fumures, dans le champ qui vient d'en produire une. L'expérience avait démontré ce fait avant que la science en eût donné l'explication. On imagina de parer à cet inconvénient par un moyen très-préjudiciable : on eut recours à la jachère. Comment peut-on supprimer celle-ci, et néanmoins laisser aux champs fatigués le temps de réparer leurs forces ?

Des analyses chimiques ont établi que toutes les plantes ne renferment pas une égale quantité des diverses substances dont elles sont composées. Les unes contiennent beaucoup de soufre, de chlore ou de soude; d'autres de la chaux, de la potasse ou du phosphore. La terre a dû fournir toutes ces substances. Si donc on a cultivé une plante qui a puisé dans le sol une grande quantité de l'une de ces substances, il n'y a qu'un moyen d'obtenir immédiatement après une bonne récolte, c'est de faire succéder à cette plante une autre dont les besoins soient différents.

Reprenons l'exemple ci-dessus. Les céréales que nous avons indiquées exigent beaucoup de silice ; le trèfle et les pommes de terre en demandent peu : elles ont besoin d'une certaine quantité de phosphore et de magnésie ; les betteraves en absorbent moins ; les topinambours et les navets sont fort sobres à l'endroit de la plupart des substances minérales réclamées par les céréales (1).

(1) M. Boussingault a trouvé que les substances minérales enlevées sur un hectare, par les différentes cultures dans son exploitation de Bechelbrone, l'ont été dans les proportions suivantes.

NATURE DES RÉCOLTES.	Acide phosphorique.	Acide sulfurique.	Chlore.	Chaux.	Magnésie.	Potasse et soude.	Silice.	Oxyde de fer, alumine, etc.
	kil.	kil.	kil.	kil.	kil.	kil.	kil.	kil.
Pommes de terre............	13,9	8,8	3,3	2,2	6,7	63,5	6,9	18,6
Betteraves	12,0	3,2	10,4	14,0	8,8	89,9	16,0	5,0
Navets dérobés, 1/2 récolte...	3,3	5,9	1,6	5,9	2.3	20,6	3,5	0 7
Topinambours..............	35,6	7,3	5,5	7,6	5,9	146 8	42,9	17,2
Froment..................	12,9	0,3	»	0,8	4,4	8,1	0,4	»
Paille de froment..........	6,0	»	1,2	16,6	9,8	18,6	132,0	2,0
Avoine	6,4	0,4	0,2	1,6	3,3	5,5	22,7	0,6
Paille d'avoine	1,9	2,7	3,1	5,4	1,8	18,9	26,2	1,4
Trèfle	19,5	7,7	8,1	76,5	19,5	84,1	16,4	0,9
Pois.....................	9,3	1,5	0,3	3,1	4,7	11,7	0,5	traces
Haricots.................	14,8	0,7	0,1	3,2	6,4	27,1	0,6	—
Fèves	21,8	1,0	0,5	3,2	5,5	28,7	0,3	—

FÉVRIER.

Agenda agricole du mois.

Direction. — Le chef de l'exploitation se livre aux calculs, aux soins et occupations indiqués pour le mois précédent. Comme il approche du moment où les travaux seront repris activement, il presse la réparation et la confection des instruments et des harnais. Il complète ses attelages. Si les animaux de trait sont restés quelque temps sans travailler, et ont été par conséquent moins bien nourris, il faut les remettre au travail par des attelées journalières, et augmenter progressivement la ration d'avoine.

Occupations d'intérieur. — Continuez les occupations du mois de janvier.

Travaux extérieurs. — On continue les travaux du mois de janvier. Lorsque l'état du sol et la température le permettent, on commence les semailles du printemps. Dans les climats doux, on plante des topinambours et des pommes de terre. — Comme les topinambours sont vivaces, et qu'il suffit de laisser quelques tubercules dans le sol pour qu'ils repoussent, on en débarrasse difficilement le champ qui en a produit une fois. On y parvient en mettant les porcs dans ce champ, après l'enlèvement de la récolte; ils fouillent si bien le sol qu'il n'y reste pas un seul tubercule. — Les prairies marécageuses ou salées sont irriguées par submersion; les autres par infiltration, si le temps est beau. Les plantations sont continuées.

21e SUJET. — **Plantes fourragères**.

Après l'adoption d'un assolement approprié à la nature des terres, à leur état, au climat, aux ressources du fermier, aux débouchés, et combiné avec une rotation avantageuse, rien n'est plus important dans une exploitation que le choix des plantes à cultiver et leur classement par ordre d'utilité. Le succès de l'entreprise dépend, en grande partie, de ce choix et de ce classement.

Le choix des plantes et le rang qu'elles doivent occuper sont déterminés par des considérations locales. Les circonstances sont tellement différentes d'une région à l'autre, souvent même d'un arrondissement à l'autre, qu'il n'est pas possible d'établir une règle générale à cet égard. Mais ne peut-on pas dire, au moins, à quel genre de culture il convient généralement d'accorder le plus d'importance et d'étendue de terrain?

A cette question la réponse n'est pas douteuse; il est de toute évidence que les cultures fourragères, quelles qu'elles soient, doivent l'emporter sur toutes les autres. Ces cultures sont moins un but qu'un puissant moyen pour l'agriculture; les plantes fourragères remplacent la jachère; elles améliorent le sol par les racines qu'elles y laissent ou par les travaux qu'elles exigent; elles procurent la prospérité des autres plantes par l'engrais dont elles sont la source; elles enrichissent le fermier, le propriétaire et le pays.

Le fourrage fait le bétail ; le bétail produit l'engrais ; l'engrais détermine la fertilité du sol ou l'entretient : c'est-à-dire que la prospérité d'une ferme, comme le progrès général de l'agriculture, repose incontestablement sur les cultures fourragères.

Le trèfle donne de la viande, du blé, de l'engrais ; les pommes de terre donnent de l'eau-de-vie, de la fécule, de la viande, de l'engrais ; les betteraves donnent du sucre ou de l'eau-de-vie, de la viande, de l'engrais... La viande, le blé, l'eau-de-vie, la fécule, le sucre... sont de l'argent ; l'engrais c'est de la viande, du blé, de la fécule, du sucre, de l'eau-de-vie, c'est-à-dire encore de l'argent. Par les cultures fourragères, le cultivateur entre dans le cercle de prospérité croissante que l'agriculture anglaise parcourt avec tant d'éclat (1).

(1) M. Isidore Pierre donne les nombres suivants comme exprimant la richesse en azote des végétaux qui sont le plus généralement employés comme fourrage. L'azote constituant la valeur nutritive des plantes, ces nombres indiquent donc à quel degré ces fourrages sont nourrissants. Les nombres qui suivent se rapportent à 1,000 parties de matière sèche :

	Proportion d'azote pour 1,000 parties.	
Froment (graine)	21 à	29
— (paille)	4	6,5
Sarrasin (graine)	22	24
— (paille)	6,5	8
Seigle (graine)	19	21
— (paille)	3,5	5
Orge (graine)	20	22
— (paille)	3	4
Avoine (graine)	16,2	20
— (paille)	4,5	5

22ᵉ SUJET. — **Faux calcul économique.**

En France, l'agriculture roule sur la production du froment. C'est par suite d'un faux calcul.

Le blé demande une terre bien préparée, des engrais riches en substances organiques et minérales ; il est,

Sainfoin (fourrage fané)............................	18,1	22,5
Luzerne (id.).....................................	27	28
Trèfle rouge (id.)................................	22	23,5
Ajonc..	18,6	—
Foin de pré naturel..............................	12	20
Paille de colza..................................	5	6
Siliques de colza................................	7,3	7,5
Navets..	16,)	1,79
Betteraves......................................	13,5	23
Carottes........	15	**17**
Trèfle rouge, un mois, avant la fleur...........	40,5	
Le même, en pleine fleur	21,7	
Luzerne, un peu avant la fleur.................	50,0	
La même fleurie	20,8	
Sainfoin, avant la fleur.......................	35,9	
Le même, en pleine fleur.......................	21,0	

Considérées sous le même rapport, c'est-à-dire d'après leur richesse en principes azotés, les diverses parties des plantes se classent dans l'ordre suivant :

1º Les fleurs,

2º Les feuilles,

3º Le fourrage entier,

4º La partie supérieure des tiges,

5º La partie inférieure des tiges.

C'est précisément, ajoute l'auteur, l'ordre dans lequel les moutons fourragent la paille de froment quand on la leur sert *entière*, ou plutôt ils ne mangent guère que les **deux premières parties** et un peu de la quatrième. (Chimie agricole.)

pendant la végétation, exposé à beaucoup de mauvaises chances ; il est rarement d'un bon rapport pour le cultivateur. Nous cultivons du blé parce qu'on en a cultivé avant nous, parce qu'il se vend toujours facilement, sinon toujours avantageusement.

Mais voyez un peu l'erreur dans laquelle nous persévérons avec obstination. Chaque récolte de blé enlève au sol, pour le grain que nous vendons, une quantité considérable de substances indispensables à son développement. Ces substances ne peuvent être restituées, au moyen des engrais, que dans les fermes qui nourrissent beaucoup de bestiaux. Or, le moyen d'entretenir un nombreux bétail, tant que le blé laissera au fourrage une place insuffisante ?

Ce système conduit donc plus ou moins vite, suivant la richesse du sol, à l'épuisement des terres. Dans beaucoup de localités l'effet en est déjà très-sensible. Il le sera de jour en jour davantage, si l'on persiste dans cette voie désastreuse.

Autrefois la Sicile produisait du blé en telle quantité qu'elle s'appelait le grenier de Rome. La culture excessive et les exportations constantes des céréales ont tellement appauvri le sol de cette île, qu'aujourd'hui sa production est des plus médiocres. Le même fait s'est produit dans une partie de l'Amérique. Pourtant, dans les deux pays, il existe des circonstances très-favorables : ici, une terre vierge profondément enrichie ; là, le plus heureux climat ; mais rien ne saurait empêcher l'effet fatal des cultures céréales exagérées, l'épuisement du sol.

23ᵉ sujet. — **Exemple à suivre.**

Dans les livres et les journaux agricoles, on nous
offre à chaque page l'Angleterre comme un modèle à
suivre en agriculture. Mais, ainsi qu'il arrive en pareil cas,
on nous propose d'ordinaire les pratiques les moins utiles,
les moins applicables à notre pays. Il est rare qu'on insiste
sur deux points d'une importance capitale : l'étendue des
cultures fourragères et l'insignifiance relative des emblavures.

Le sol de l'Angleterre ne suffit pas à produire le froment
et le fourrage nécessaires à la consommation intérieure. Il
faut demander l'un ou l'autre aux pays étrangers. Placé
dans cette inévitable alternative, le cultivateur anglais a
donné la préférence aux plantes fourragères. Par cette intelligente option, il a pu porter le sol au plus haut degré
de fertilité, tout en fournissant à la consommation la viande
de boucherie en abondance. Il obtient beaucoup de blé sur
une petite étendue de terrain, en même temps qu'il diminue l'usage du pain par une prodigieuse production de
viande.

Suivi avec intelligence et patriotisme, jusque dans ses
applications les plus éloignées, ce système rachète, autant
que cela est possible, l'exiguïté du territoire de l'Angleterre. Le sol y touche aux dernières limites de la fécondité,
et la création, c'est le mot, des races d'animaux perfectionnées abrége le temps de l'élevage et double le profit
de cette opération. L'Angleterre achète du blé dont la
production coûte cher, mais elle vend des animaux qui

lui donnent d'énormes bénéfices. Voilà un exemple à suivre (1).

24ᵉ SUJET. — **Moyen de s'enrichir par l'amélioration du sol.**

Les agronomes ont fait des calculs admirables, plus

---

(1) En citant l'agriculture anglaise, et en la proposant comme un modèle à suivre, je ne prétends pas qu'il faille copier le système anglais, le reproduire littéralement en France. Chaque pays a son sol, son climat, ses besoins et ses ressources propres, comme son génie national. L'agriculture, comme les autres branches de l'industrie, doit, pour être rationnelle, tenir compte de ces éléments naturels. Le progrès pour nous ne consiste point à faire de l'agriculture anglaise, mais à créer une agriculture française. Si nos voisins ont tiré des circonstances particulières où ils sont placés le parti le plus avantageux à l'intérêt agricole et à l'intérêt général du pays, pourquoi n'en ferions nous pas autant ?

Quand je montre à nos jeunes agriculteurs l'Angleterre agricole, quand je signale à leur attention, à leur admiration, les prodiges réalisés par une nation voisine, je n'ai qu'un but : je veux stimuler leur zèle, enflammer leur enthousiasme patriotique pour la plus noble des causes, pour la cause de l'humanité souffrante. Je voudrais les entraîner, non dans la voie ouverte par l'Angleterre, mais dans une voie parallèle à celle où brillent nos rivaux, voie plus large et conduisant à des résultats non moins éclatants et plus durables. L'agriculture anglaise repose sur deux étais fragiles, l'industrie et le commerce ; l'agriculture française a sa base, base solide, dans le sol même du pays. Privez l'agriculture anglaise des engrais artificiels et commerciaux, et sa prospérité sera bien compromise ; l'agriculture française, au contraire, peut et doit tirer du sol même qu'elle cultive l'engrais nécessaire à sa prospérité.

Laissons donc nos voisins être Anglais, et soyons Français !

curieux qu'utiles, sur la proportion dans laquelle doivent être cultivées les plantes fourragères (1). Le cultivateur n'a guère le temps de vérifier ces calculs et de les appliquer

(1) On compte une tête de gros bétail par hectare de terres cultivées. Quoi que l'on puisse dire de cette théorie, nous sommes loin encore de cette proportion. — Voici le rang que la France occupait, il y a quelques années, parmi les différents États de l'Europe, sous le rapport de la production des bestiaux. Les chiffres de 1851 seraient sans doute les mêmes aujourd'hui.

Bœufs, vaches et veaux.

Le Danemark possédait, par 100 habitants...........	100 têtes.
La Suisse..	85
Le Wurtemberg...................................	71
L'Écosse..	62
L'Autriche......................................	55
La Lombardie....................................	50
La Sardaigne....................................	46
La Hollande.....................................	45
Le Hanovre......................................	40
Le Grand-Duché de Bade..........................	39
La Saxe...	55
La Prusse.......................................	54
L'Angleterre....................................	55
Les provinces rhénanes..........................	55
Les Pays-Bas....................................	50
La France.......................................	29
Pour les porcs, l'Angleterre en possédait, par cent habitants..	55
La France.......................................	14

Ces chiffres sont significatifs. Ils sont plus accablants encore lorsqu'on établit la comparaison d'après le nombre d'hectares de terres cultivées en France et en Angleterre.

à son exploitation. Il a besoin d'un moyen d'appréciation moins compliqué et plus pratique. Le voici :

Les terres rapportent-elles seulement douze à quinze hectolitres de blé à l'hectare, augmentez progressivement jusqu'au double, jusqu'au triple, vos cultures fourragères et vos étables. A plus forte raison, faut-il quadrupler ces sources d'engrais, lorsque le rendement n'est que de huit ou dix hectolitres. Ce produit peut atteindre, presque partout, la moyenne de trente hectolitres.

Le bénéfice augmentera dans une proportion double. D'une part, vous récolterez plus de froment avec moins de dépenses pour labours, pour semences et journées de main-d'œuvre. D'autre part, le produit des étables se trouvera singulièrement augmenté, et, avantage inappréciable, la propriété s'élèvera et se maintiendra au plus haut point de fertilité.

En un mot, les cultures fourragères, qui améliorent iné-vitablement le fonds, diminuent le travail, doublent la production et triplent le bénéfice.

N'est-ce pas s'enrichir par l'amélioration du sol?

25ᵉ SUJET. — La germination.

I.

Le printemps approche; le printemps, cette jeunesse toujours renaissante de la terre, avec sa douce et vivifiante haleine, avec ses fleurs et leurs suaves odeurs, avec le chant des oiseaux et le bourdonnement de l'abeille, avec

4

les travaux des champs et l'activité générale ; le printemps avec ses riantes espérances, et, comme toute jeunesse, avec ses illusions dorées.

Déjà l'amandier, le pêcher, l'abricotier, la giroflée, la primevère et d'autres plantes guettent l'occasion de s'épanouir impunément et d'embaumer l'air de leurs parfums ; les moineaux pépient au bord des toits et la grive chante à la cime des chênes ; le laboureur, cet utile et infatigable travailleur, à l'aide de sa charrue attelée de bœufs au pas mesuré, prépare la terre pour les cultures printanières ; la vie, la joie et une utile activité sont prêtes à déborder de toute part.

C'est le moment le plus favorable pour se livrer à l'étude d'un des phénomènes les plus intéressants de la végétation, du phénomène de la germination.

II.

La germination est un des mystérieux actes du règne végétal les plus remarquables. Le Créateur l'a entourée, comme tout ce qui se rapporte à la conservation des espèces, des soins les plus minutieux et les plus prévoyants. L'étude de cet intéressant phénomène nous fournira de nouveaux motifs d'admirer l'infinie sagesse qui a présidé à l'organisation de toutes choses ; elle pourra nous convaincre aussi que, loin de suivre toujours les indications de la nature, nous les négligeons souvent, et qu'alors nous devons imputer à notre ignorance ou à notre inattention la non-réussite ou le peu de succès de nos cultures.

Trois choses sont indispensables à la germination : l'air, la chaleur et l'humidité. Qu'une seule manque, et la germination n'a pas lieu ; l'air et un certain degré de chaleur, sans l'humidité, dessèchent la graine ; la chaleur et l'humidité, en l'absence de l'air, produisent une sorte de pourriture ; l'humidité et l'air, privés de chaleur, sont également impuissants à réveiller le germe.

La germination ne s'accomplit régulièrement qu'à la faveur d'un cours modéré de ces trois agents atmosphériques. La chaleur est le principe de la vie végétale ; l'air en est l'aliment indispensable ; l'humidité provoque la germination, en ramollissant la graine et en y déterminant d'utiles modifications.

Je ne parle ni de la terre, ni de la lumière, ni des autres conditions de la vie des plantes, parce que tout cela est inutile à la germination. Les grains germent parfaitement dans l'obscurité, sur un morceau d'étoffe humide, si l'air du local est d'une température convenable.

III.

La germination s'annonce par le gonflement œ la graine ; puis l'enveloppe de celle-ci se déchire et livre passage, par deux points opposés, à la plante naissante. A la partie supérieure se montre la *plumule,* qui se dirige vers la lumière ; à la partie inférieure perce la *radicule,* qui s'enfonce dans la terre. L'une donnera naissance aux racines, l'autre est le rudiment de la tige. Il est facile d'observer ces premières phases de la végétation et d'en suivre le progrès sur le froment, l'orge et, mieux encore, sur les haricots.

Le travail de la germination se fait en plus ou moins de temps, suivant les espèces et les circonstances. La plupart des graminées germent en quelques jours ; mais il y a d'autres plantes dont les graines germent très-difficilement.

Lorsque la jeune plante est pourvue de racines et de feuilles verdoyantes, la graine a presque toujours entièrement disparu ; elle s'est *transformée* en plante dans ce mystérieux travail de la germination.

IV.

Comment se fait cette surprenante transformation ? La réponse à cette question n'est plus du domaine de la simple observation ; il faut la demander à la science. Voici ce qu'elle nous apprend sur ce point :

En faisant de la pâte de farine et en la pétrissant sur un tamis fin au-dessus d'un vase, pendant qu'elle est soumise à un filet d'eau, il se dépose sur le tamis une substance collante, et dans le vase qui reçoit l'eau une poudre blanche.

La poudre se nomme *amidon* ou *fécule*, selon qu'elle provient d'une céréale ou de la pomme de terre ; la substance collante est du *gluten* (1). Toutes les graines renferment ces substances dans des proportions variables. C'est la nourriture du germe jusqu'au moment où ses jeunes racines et ses feuilles naissantes commencent à la puiser dans la terre et dans l'atmosphère.

Mais l'amidon et le gluten, dans leur état ordinaire, ne

(1) L'amidon et la fécule se composent de carbone, d'hydrogène et d'oxygène ; le gluten, outre ces trois éléments, contient encore une certaine quantité d'azote.

sont pas solubles dans l'eau et ne peuvent être absorbés par le germe ; il faut qu'ils soient transformés. La Providence y a pourvu : sous l'action de la force vitale de la graine et de la chaleur, une partie du gluten se change en une espèce de ferment que les savants nomment *diastase*.

Ce ferment, agissant sur l'amidon, le convertit en une farine soluble appelée *dextrine*, et en sucre végétal ou *glucose*. Dans ce nouvel état, l'amidon de la graine forme une sorte de lait sucré qui sert de nourriture au germe. Le reste du gluten et l'huile contenue dans les graines servent, en brûlant lentement au contact de l'air, à entretenir la chaleur végétale; c'est pourquoi la graine disparaît pendant la germination (1).

V.

Voilà ce que nous apprennent, touchant le phénomène de la germination, l'observation et la science. N'en demandons pas davantage, parce qu'au delà tout est mystère, abîme. La science couvre cet abîme du nom pompeux, mais vide, de *force vitale*. La religion s'incline et admire la merveilleuse prévision de Celui qui a établi et qui

---

(1) Plusieurs industries ont tiré parti de la connaissance des transformations qui s'opèrent pendant la germination. La droguerie prépare de la dextrine, qui reçoit différentes applications. La fabrication de la bière repose entièrement sur la transformation de l'amidon en dextrine et de celle-ci en glucose. Nous parlons de la fabrication loyale, car la fraude s'est glissée dans cette industrie comme dans presque toutes les autres.

4*

maintient l'harmonie entre les mondes qui roulent dans l'espace et les mousses qui rampent à la surface de notre globe ; de Celui qui commande aux flots de l'Océan et aux sables du désert ; de Celui qui fait sortir du gland le chêne séculaire et d'une graine insignifiante les épis de froment... La dernière raison des miracles persistants de la végétation, c'est la toute-puissante volonté du Créateur.

De cette étude découlent, pour l'agriculture pratique, les enseignements suivants :

1° La graine devant servir de nourriture au germe, il faut choisir pour semence les graines les mieux développées et les plus parfaites, afin que cette première nourriture soit abondante et saine ;

2° Pour empêcher les graines de s'altérer, il est nécessaire de les soustraire soigneusement à l'influence des agents de la germination jusqu'au moment des semailles ;

3° Par contre, lorsque nous semons, favorisons l'accès du sol à la chaleur, à l'air et à l'humidité ;

4° Préparons la terre de telle sorte que le jeune végétal y puisse pénétrer aisément, sans quoi la plante meurt de faim, ou bien elle est desséchée par l'air ou dévorée par les insectes, avant d'avoir pu se fortifier.

La semaille faite dans une terre bien préparée est une bonne récolte à moitié assurée.

MARS.

Agenda agricole du mois.

Direction. — Les travaux du mois de mars sont nombreux et variés ; ils demandent toute l'attention du fermier. Il faut qu'il s'occupe à la fois des semailles faites à l'automne et de celles qui sont à faire au printemps ; des prairies naturelles et des prairies artificielles ; des plantations et de la greffe ; des animaux et des engrais. Les résultats de l'année dépendent, en grande partie, de l'intelligence et de l'activité déployées dans la direction des travaux du mois de mars.

Occupations d'intérieur. — Les champs réclament presque tous les instants et tous les bras ; on ne peut guère s'occuper de ce qui reste à faire à l'intérieur. On n'y peut consacrer que tous les moments libres.

Travaux extérieurs. — Semez blé de mars, avoines, orges, vesces, pois gris, lentilles, carottes, betteraves, panais, rutabagas, trèfles, luzernes, sainfoin, lupuline, colza de printemps, moutarde, pavot, lin.... — Hersez les vieilles prairies naturelles et artificielles et les céréales d'automne. — Plâtrez les sainfoins précoces. — Binez le colza d'hiver. — Débarrassez les prairies des taupinières, fourmilières, branchages, pierres et autres obstacles à la libre fauche. La terre des taupinières est parfaitement préparée pour être répandue sur le pré dont elle rechausse les plantes. Répandez-y aussi des engrais pulvérulents, des cendres ou de la suie, selon la nature et l'état du gazon. — Achevez la plantation des arbres, et faites les premières greffes en fente à œil poussant.

20e SUJET. — **Coup d'œil rétrospectif.**

Avant de commencer les longs et pénibles travaux de la seconde partie de l'année agricole, arrêtons un instant nos regards sur les merveilles accomplies dans la végétation depuis les semailles d'automne. Nous puiserons, dans un coup d'œil rétrospectif, de nouvelles forces et le sentiment naturel d'une juste et profonde gratitude envers la divine Providence.

A l'arrière-saison, lorsque déjà le soleil avait perdu sa force vivifiante, que la pluie tombait froide et inféconde, que la terre était devenue rebelle, nous avons confié au sol un grain précieux qui semblait devoir être perdu.

Il a germé, produit une herbe touffue !

A quoi bon ? Voilà la neige qui enveloppe de son froid linceul nos premières espérances ; la glace les étreint de toutes parts, comment les tendres plantes vivraient-elles ?

Cependant le soleil se ranime, la neige disparaît, la glace fond, l'air s'adoucit ; la grive, du haut d'un vieux chêne, nous annonce la fin de l'hiver ; les premières fleurs des champs, gracieuses messagères du printemps, fêtent le retour des beaux jours de la nature.

Miracle de l'infinie bonté du Tout-Puissant ! la neige et la glace, ces cruels enfants de l'hiver, ont protégé nos cultures contre les atteintes mortelles du froid, en servant d'abris aux plantes délicates de nos sillons; nous les retrouvons vertes et vigoureuses.

Prenons courage au travail! Il dépend de nous, de notre activité, de nos soins intelligents d'avoir de riches moissons.

Merci, mon Dieu! merci, *Notre Père, qui êtes aux cieux!* pour nos emblavures préservées du froid, pour le chant des oiseaux et le parfum des fleurs, qui annoncent le retour du printemps et rendent nos cœurs à l'espérance.

27ᵉ SUJET. — **Les deux capitaux.**

Le cultivateur français a la fâcheuse manie d'acheter des terres. Il emploie à ces acquisitions tout l'argent qu'il peut amasser; il se condamne aux plus dures privations pour grossir ses épargnes; il emprunte à lourds intérêts quand il ne peut satisfaire autrement ce déplorable besoin d'acheter des champs, cette ruineuse vanité de s'arrondir.

Je dis que ces acquisitions sont la ruine du cultivateur, et je le démontre.

Il est prouvé que les meilleures terres ne rapportent pas au delà de 3 pour 100 *au propriétaire.* Lorsqu'on a des rentes suffisantes et de l'argent disponible, il n'y a pas de placement plus sûr que la propriété foncière. Mais le cultivateur, qui n'a jamais trop d'argent, qui souvent n'en a pas assez, peut en faire un usage meilleur encore.

Immobilisé dans le fonds, l'argent lui rapporte 2 1/2 à 3 pour 100, tandis qu'il lui coûte 8 ou 10 pour 100 s'il l'emprunte; employé, au contraire, comme capital d'exploitation, l'argent rapporte au cultivateur 8, 12, 15 à 20 pour 100, suivant les circonstances et la manière de le faire valoir.

Le capital foncier le ruine, le capital mobilier l'enrichit.

Au lieu de s'étendre, il faut donc que le cultivateur s'élève. On s'élève, dans l'art agricole, en perfectionnant le système cultural au moyen d'un puissant et fécond capital d'exploitation.

28e SUJET. — **Hersage des blés.**

Certaines pratiques ont de la peine à se faire adopter dans les campagnes, quoique leur utilité soit incontestable. Le hersage des froments est du nombre : « Joli moyen, dit-on en ricanant, de faire pousser le blé que de l'arracher avec les dents de la herse! »

Il est impossible, en effet, de herser au printemps un champ de blé sans en arracher quelques pieds. Mais suivez la herse jusqu'au bout et examinez bien l'herbe qu'elle dépose, vous reconnaîtrez plus de coquelicots, de véroniques, de moutardes et d'autres plantes nuisibles que de touffes de froment. Cela n'est pas étonnant; pour échapper aux effets du froid, le froment a dû jeter quelques racines assez avant dans le sol; c'est par ces racines d'hiver qu'il résiste à la herse. D'ailleurs, en rompant la croûte qui s'est formée à la surface du sol, vous provoquez le tallage et la formation des racines coronales. Celles-ci ne viennent qu'après les gelées (1). L'air, la chaleur, l'humidité, favorisés par ce travail superficiel, pénètrent facilement jusqu'aux racines inférieures et donnent une grande vigueur à la végétation. Pour quelques pieds ma enracinés que la herse emporte, vous voyez pousser des milliers de tiges nouvelles et les anciennes acquérir une force particulière

Le hersage des blés est une des pratiques les plus avantageuses de l'agriculture.

29e SUJET. — **Labours profonds.**

Le mois de mars rappelle les attelages à l'activité des labours. Essayons de nous rendre compte des conditions qui constituent la bonté de cette opération.

Les labours ont pour but d'ameublir le sol, afin qu'il s'enrichisse des substances atmosphériques utiles à la végétation, et que les racines des plantes puissent se développer sans obstacles. Ils facilitent aussi l'accès de la cha-

---

(1) Quelle prévoyance admirable! Les plantes d'hiver ont besoin de soustraire leurs racines au froid. Celles-ci s'enfoncent dans le sol. L'hiver passé, les plantes ont d'autres besoins, elles se garnissent de nombreuses racines superficielles qui vont chercher une nourriture abondante dans la couche supérieure du sol. Il suffit, pour provoquer une nouvelle formation de racines, de répandre sur le sol un engrais pulvérulent, guano, poudrette ou autre. Elles naissent comme par enchantement et s'allongent à la recherche de cette nourriture hors de la partie des racines existantes. Oh! apprenons donc à observer la nature! Elle nous fera connaître l'infinie sagesse du Créateur, son inépuisable bonté et sa science sans bornes qui a tout prévu, **tout calculé, tout harmonieusement organisé.**

leur et favorisent le travail chimique de la terre, c'est-à-dire la formation des substances minérales.

Dans quelques circonstances exceptionnelles, les labours doivent être superficiels. La couche végétale y est mince et repose sur un sous-sol qu'il serait imprudent de mettre en contact avec les plantes. Sauf ces exceptions, les labours profonds produisent de bons effets; ils doublent parfois la valeur des champs en augmentant la couche arable.

Feu mon père, cultivateur distingué, débuta dans une commune très-pauvre, quoique les habitants fussent laborieux et les terres de bonne qualité. Il chercha la cause de la misère de ses nouveaux concitoyens. Il fut bientôt frappé de la différence qui existait entre la profondeur de leurs labours et celle des labours de son village natal. On labourait à 8 ou 10 centimètres de profondeur, tandis que dans la commune voisine les labours étaient poussés à 20, 25 et 30 centimètres. La cause du malaise général de sa commune d'adoption était trouvée. Il s'agissait de convaincre les intéressés et de leur faire adopter un mode meilleur. Ce n'était pas chose facile.

Sa résolution fut prise aussitôt. Il fit comme le philosophe qui, pour prouver le mouvement, se mit à marcher; pour démontrer la réalité de sa découverte, il laboura profondément. Il avait à faire à un sol argilo-calcaire très-profond. Les résultats répondirent à son attente. Dès la première année ses récoltes se distinguèrent des autres par une vigueur extraordinaire.

Malgré ce succès éclatant, les conseils de mon père ne furent pas acceptés; ils furent même accueillis par des observations désobligeantes et des moqueries. Il fallait des récoltes prodigieuses obtenues par des défoncements de

30 à 35 centimètres pour ébranler les moins obstinés. Il ne perdit point courage, non à labourer profondément, il y trouvait de grands avantages, mais à engager les autres cultivateurs à essayer du même moyen. A force de persévérance, il eut la satisfaction de les voir entrer dans cette voie et jouir d'un commencement de bien-être qui en était l'heureuse conséquence.

Mais il changea de résidence. La nouvelle commune, qu'il ne quitta plus, est aujourd'hui dans une grande prospérité; la première est insensiblement retombée dans la routine et la misère (1).

30e SUJET.—**Accroissement des plantes.**

Nous avons étudié le phénomène de la germination. C'est la première période du développement des plantes; l'accroissement en est la seconde (2).

---

(1) Quelque naturel que soit de la part d'un fils le désir de rendre publiquement hommage à son père, d'un progrès qui lui est dû, je n'eusse point parlé de cette circonstance, si je n'y avais vu un exemple digne d'être imité. Je pourrais citer des faits nombreux qui prouvent l'efficacité des démonstrations pratiques faites avec intelligence et persévérance. L'écrivain n'a d'action que sur un petit nombre d'esprits avancés; la pratique frappe tous les yeux par des résultats palpables. Là où l'agronome n'obtient qu'une attention distraite une créance douteuse, le praticien finit par décider, entraîner sans hésitation. Nous semons les germes du progrès; l'agriculteur les fait fructifier.

(2) Les arbres grossissent en ajoutant tous les ans un cercle de jeunes bois autour du bois déjà formé. Dans certaines espèces, ces

En entrant dans cette nouvelle période de leur développement les végétaux changent quelques-unes des conditions de leur existence. Ils ont encore besoin de chaleur, d'eau et d'air. Les fonctions végétatives de ces agents naturels se sont même étendues : l'air fournit une partie importante de la nourriture des plantes ; la chaleur concentre la séve et en active la circulation ; l'eau sert de véhicule aux substances provenant du sol, et entre elle-même dans la constitution des tissus de la plante.

Mais, pour parcourir les phases de l'accroissement, les végétaux exigent, en outre, de la lumière, un point d'appui et un milieu convenable.

couches nouvelles sont très-distinctes et font connaître l'âge de l'arbre. On a compté 280 de ces couches sur un if de 1^m 50^c de circonférence. Dans le département de l'Eure, à Foullebec, il en existe un qui avait en 1822, 6^m 80^c de pourtour. L'if de Fortingall, en Ecosse, a près de 16^m de circonférence. Calculez leur âge. Le chêne prête à des calculs semblables : après un siècle de croissance, il n'a parfois que 55 cent. de diamètre, et cependant on cite des chênes de quatre mètres de diamètre.

Le Baobab est le plus grand arbre du monde. On en a mesuré un au Cap-Vert, dont le tronc avait 22 mètres de tour. Un autre Baobab avait 54^m de circonférence. En Californie, il croît une espèce de pin qui s'élève à 100^m et atteint 10^m d'épaisseur. L'agave, plante d'Amérique, atteint, en un mois, la hauteur prodigieuse de 10 à 12^m. Dans la mer, on trouve des plantes qui arrivent en peu de temps à une longueur de 2 à 500 mètres.

Autres merveilles du règne végétal. De la graine du chanvre, ou chènevis, on tire une liqueur enivrante nommée *hatchich*. Le pavot fournit *l'opium*. On obtient de l'eau-de-vie d'un grand nombre de plantes ; le *rhum* est tiré de la canne à sucre. Il y a des arbres qui produisent de la cire, d'autres qui donnent du lait. Le caoutchouc est la séve d'un arbre d'Amérique.

I.

La lumière est indispensable à la vie végétale. Une plante privée de la lumière du jour languit, s'étiole et finit par mourir, quoiqu'elle soit dans les meilleures conditions sous tous les autres rapports. Les végétaux demandent à être comme inondés de lumière; le travail de l'assimilation ne se fait régulièrement que sous une large influence de ce fluide bienfaisant.

A la faveur de la lumière du jour, les plantes absorbent par tous les points de la tige, mais surtout par les feuilles, une certaine quantité d'air; elles le décomposent (1) et s'en assimilent une partie. Ce travail s'arrête dans l'obscurité et se fait imparfaitement dans un jour affaibli, ce qui explique l'effet fâcheux de l'ombre sur les plantes en végétation. La rapidité de l'accroissement et la vigueur des végétaux dépendent en grande partie de la facilité avec

(1) L'air atmosphérique est composé d'oxygène et d'azote, dans la proportion de 22 p. 0/0 du premier de ces gaz et de 78 du second. L'atmosphère contient aussi une petite quantité d'acide carbonique, d'ammoniaque et de vapeurs d'eau. Les plantes absorbent principalement de l'acide carbonique (gaz formé d'oxygène et de carbone); du carbone qu'elles prennent à ce gaz, elles composent leurs parties ligneuses. L'acide carbonique provient de la décomposition des corps organiques et de la respiration des animaux. Il est nuisible à l'homme et aux animaux; par une admirable combinaison, ' se trouve que le gaz acide carbonique est indispensable à la végétation. De sorte que la respiration des animaux, le feu et la pourriture sont des sources de nourriture pour les plantes, tandis les besoins de celles-ci sont un puissant moyen d'assainissement de l'atmosphère. C'est à l'absorption de l'acide carbonique par les plantes que l'air de la campagne doit une grande partie de sa pureté.

laquelle ils reçoivent la lumière, cet élément vital de la végétation.

Les végétaux ont un tel besoin de lumière que, dans certains cas, ils vont à sa recherche par des efforts surprenants. Tout le monde a pu voir, dans les champs, des plantes, parfois très-faibles, qui ont germé sous de larges pierres ou qui ont été accidentellement couvertes de mottes de gazon, s'étirer, s'allonger, tourner les obstacles par mille circuits, s'épuiser, pour atteindre la lumière. Il se produit un phénomène semblable lorsque des pommes de terre germent dans une cave faiblement éclairée : les fanes poussent d'une manière extraordinaire pour venir, en rampant le long des murs, en s'accrochant aux moindres saillies, demander un peu de lumière aux avares soupiraux.

La croissance rapide des plantes dans les régions polaires est l'effet de la lumière. Le soleil y reste sur l'horizon pendant plusieurs mois sans interruption. Dans ces contrées, la végétation ne peut avoir lieu que durant deux ou trois mois de l'année ; les glaces y fondent tard, et les froids reviennent de bonne heure. Les habitants de ces régions désolées seraient donc privés des bienfaits de la végétation si la Providence n'avait doublé, pour ces climats, l'activité de la vie végétale, en doublant la force et la durée de la lumière.

II.

La terre fournit, en général, le point d'appui nécessaire aux plantes. Celles qui enfoncent leurs racines dans les fentes des murs et des rochers y cherchent encore une sorte de terre, une terre appropriée à leurs besoins particuliers. Un très-petit nombre de plantes aquatiques laissent flotter leurs racines dans l'eau ; le peu de substances terreuses qui nagent dans ce milieu liquide suffit à leur nourriture. Les seules plantes parasites ne se soucient pas de cet appui ordinaire ; elles implantent leurs racines dans la substance même d'autres végétaux, trouvant plus commode de se nourrir aux dépens de ceux-ci que de tirer leur subsistance de la terre par leur propre travail : ce sont les frelons, les usuriers, les vampires de la végétation. Cette existence peu honorable ne prive pas toujours ces parasites, semblables en cela à tant d'autres, des honneurs que mérite le travail seul, le travail honnête des bras ou de l'intelligence : témoin la célébrité acquise au gui du chêne parmi les druides (1).

La terre, une terre quelconque, remplirait, à l'égard des végétaux, les conditions du point d'appui, puisqu'il ne s'agit que d'offrir à leurs racines le moyen de se fixer, afin de maintenir la plante. Ce point d'appui doit, pour mériter en même temps le nom de milieu végétal, être pourvu des substances organiques et minérales dont les végétaux se nourrissent, et se trouver dans les autres conditions favorables à la végétation. Ces conditions sont, pour certaines plantes, le bord et même le fond de l'eau ; pour d'autres, les côtes arides ou les sables mouvants ; pour celles-ci, c'est un terrain froid ; pour celles-là, un sol brûlant ; pour les plantes agricoles, c'est une couche

---

(1) On sait que les druides étaient des prêtres gaulois. Au commencement de l'année sacrée, ils distribuaient au peuple des branches de gui de chêne ; de là l'expression *au gui l'an neuf*, conservée encore dans quelques provinces.

végétale enrichie de substances minérales et organiques, profondément ameublie et convenablement assainie.

AVRIL.

Agenda agricole du mois.

Direction. — Terminez les semailles et les plantations commencées au mois de mars; surveillez les assainissements et les binages. — Donnez une attention particulière à l'alimentation des bestiaux.

Occupations d'intérieur. — Ces occupations ne sont pas différentes de celles des mois précédents. Dans les départements du Centre et de l'Est, on s'occupe des pommes de terre pour la grande plantation qui se fait en avril. Lorsque le fourrage est rare, on peut, sans beaucoup nuire à la récolte, planter des germes enlevés avec un peu de pulpe sur les tubercules. Le reste, qui forme les deux tiers environ des tubercules qui ont fourni les yeux ou germes, est employé à la nourriture des bestiaux. Voici la manière de procéder à l'extraction des yeux. Je l'emprunte à mon livre *Les Pommes de terre régénérées,* ouvrage qui a paru dès 1846.

« A l'époque de la plantation des pommes de terre on
« choisit, dans l'espèce que l'on préfère, les tubercules les
« plus mûrs, qui sont généralement les plus gros; puis, à
« l'aide d'un instrument servant d'emporte-pièce, on en-

« lève les œilletons les mieux formés, les plus vigoureux,
« avec une partie de la chair..... L'instrument rappelle la
« moitié d'un moule à balles de gros calibre. Le bord cir-
« culaire en est tranchant. On le pose par ce bord sur
« l'œilleton, de manière que le germe se trouve au centre;
« tournant alors le manche de l'instrument sur lui-même
« en appuyant sur le tranchant, on enlève du tubercule
« une balle de la grosseur d'une petite pomme de terre.
« Une femme peut en extraire 90 kil. par jour, de quoi
« planter 16 à 18 ares. » On laisse sécher les coupures.

Dans les fermes de l'Alsace, on produit les plants de
choux et de colza d'une manière aussi expéditive qu'économique. On couvre le tas de fumier dont le dessus est
frais, d'une couche de bonne terre de 15 à 20 centimètres
environ, on sème sur cette couche abritée par les bâtiments
et les murs de la cour, et on la garantit contre les animaux
de la ferme par une clôture et des épines. Le semis lève en
peu de temps et les plants acquièrent un développement
rapide et vigoureux. La récolte enlevée, on continue à
porter le fumier sur la couche de terre; celle-ci absorbe le
purin qui en découle et augmente la masse de cet engrais.

Travaux extérieurs. — Donnez de l'engrais liquide ou
en poudre aux plantes sans vigueur ou souffrantes. Les
engrais pulvérulents s'appliquent avantageusement à la
plupart des récoltes. — Plâtrez les trèfles, la luzerne, la
minette et les vesces. — Binez et sarclez autant que vous
le pourrez; détruisez surtout avec le plus grand soin les
chardons à mesure qu'ils lèvent. — Que les irrigations
soient fréquentes, mais peu prolongées. Si vous craignez
des gelées blanches, mettez l'eau sur les prés dans la ma-

inée seulement, afin que l'herbe soit ressuyée avant la nuit.

31ᵉ SUJET. — Effets du rouleau.

Il est utile quelquefois de faire précéder la herse du rouleau sur les champs de blés. C'est le cas lorsque les sillons sont couverts de mottes qui n'ont pu être écrasées à l'automne, et lorsque la terre a été fortement soulevée par les gelées. Dans ce dernier cas, le blé, ébranlé par le mouvement du sol, céderait facilement à la herse, et celle-ci ferait plus de mal que de bien.

On sait que le tassement du sol est un des effets produits par le rouleau. Cet instrument est employé avec avantage chaque fois que le sol n'a pas la consistance nécessaire pour offrir aux plantes un appui suffisant ou pour conserver une utile humidité. Les prairies naturelles et artificielles profitent, dans quelques circonstances, du passage du rouleau.

Nous avons expliqué (1) comment l'eau en gelant se gonfle et soulève la terre. Cette action du froid est surtout sensible dans la couche supérieure de la terre végétale, dans celle où se trouvent les principales racines des jeunes végétaux et des plantes traçantes. Il arrive qu'au dégel ces racines sont déchaussées, c'est-à-dire mal garnies de terre.

Le rouleau, en raffermissant le sol, remet sous ce rapport les plantes dans une condition meilleure.

(1) 6ᵉ sujet.

32ᵉ SUJET. — **La taupe réhabilitée**.

La taupe est généralement classée parmi les animaux nuisibles à l'agriculture. Dans les campagnes, on attache à la destruction de ce petit mammifère une telle importance que la chasse aux taupes y a fait naître des industries spéciales. Le taupier et le fabricant de taupières, le chasseur et le piége, n'ont pas d'autre origine, d'autre raison d'être.

Cette opinion est un préjugé qu'il faut combattre.

La taupe est essentiellement carnivore. Destinée à passer sa vie sous terre, elle a besoin d'une nourriture forte. La nature l'a douée d'un appétit insatiable. Obéissant à sa voracité providentielle, la taupe poursuit sans relâche, tue et dévore incessamment des animaux d'un ordre inférieur; elle fait une destruction incalculable de rats, de musaraignes, de campagnols et même de surmulots. Les larves de hannetons, de papillons et d'autres insectes, sont moins de son goût; elle en fait néanmoins une grande consommation. Les lombrics ou vers de terre, et, à plus forte raison, les racines, ne sont pour elle qu'une ressource extrême.

Les dégâts insignifiants causés par les taupinières sont tout le crime de la taupe. Mais les allées souterraines qu'elle creuse avec tant d'ardeur, et qui l'obligent à pousser au dehors un peu de terre ameublie par son travail, sont nécessitées par la guerre acharnée qu'elle fait aux rongeurs des racines et aux pillards des grains.

Epargnons la taupe, c'est un utile auxiliaire.

5*

33ᵉ SUJET. — **Binage des blés.**

Le binage est une de ces pratiques qui, malgré leur utilité, se généralisent lentement en agriculture. A peine se désigne-t-on au sarclage exigé pour la destruction des chardons (1).

Le binage consiste à donner un labour très-superficiel au sol ensemencé ou planté, afin de l'ameublir et de détruire la mauvaise herbe naissante (2). Le sarclage a pour unique but la destruction des plantes adventices (3). Des binages répétés sont préférables aux sarclages, surtout pour les blés.

L'expérience que nous avons rapportée (3ᵉ sujet) suffirait à elle seule pour établir les avantages de l'ameublissement superficiel du sol pendant la végétation des blés.

(1) Il serait à désirer que les sociétés agricoles, comices et autres, prissent au sujet de l'échardonnage une de ces mesures qui finissent par vaincre l'indifférence des cultivateurs. Elle serait plus efficace qu'une loi.

(2) Une revue anglaise contenait dernièrement les détails suivants sur la propagation des chardons :

Un seul pied de *carduus nutans* fournit 3,750 graines, chaque tête en donne 150. Un seul pied de *carduus lanceolatus* en donne jusqu'à 30,000. Le *carduus arvensis* n'en fournit que 5,000, mais il se multiplie également par le rhizome. Le *sonchus arvensis* donne le nombre fort respectable de 19,000 graines Une seule plante suffit pour couvrir 80 ares en un an. Le *sonchus odoratus* fournit 25,000 graines. Le nom vulgaire de *sonchus* est *laitron*.

(3) Il y a une variété de chardon dont un seul pied fournit 30,000 graines. Une seule plante suffit pour couvrir cent vingt-cinq ares de terrain dans une année.

A ces avantages, il convient d'ajouter un résultat important que l'on obtient en même temps. En effet, les binages nettoient le sol, non-seulement pour le blé, en détruisant la mauvaise herbe qui lève naturellement, mais aussi pour les récoltes suivantes, en faisant lever des graines nouvelles qu'un autre binage détruit.

Dans la culture en lignes, le binage des blés est facile et tout à fait efficace. On atteint aisément partout, et la vigueur qu'un premier travail donne aux céréales fait périr un grand nombre de plantes inutiles ; celles-ci sont étouffées par le blé.

Quelle que soit la culture suivie dans une ferme, la dépense faite pour les binages, surtout pour les binages du froment, est de l'argent placé à gros intérêts.

34e SUJET. — Les oiseaux au point de vue agricole.

Le printemps est l'époque où l'hirondelle, revenue de son long voyage, et la plupart des autres oiseaux font leur nid. Voyez avec quel soin intelligent ces charmantes petites créatures choisissent l'endroit favorable à leur projet ; quelle ardeur elles mettent à bâtir leur demeure ; avec quelle adresse elles garnissent ce berceau d'une tendre nichée dont la nature leur a donné le pressentiment ; avec quelle admirable constance elles veillent sur leur petit trésor, les œufs, quand la femelle a pondu ; avec quelle patience amoureuse elles réchauffent, nourrissent et protégent les faibles vies sorties de ces perles blanches, bleues, grises ou déli-

catement nuancées ; avec quelle prudence elles retiennent
l'impatiente couvée jusqu'à ce que les ailes puissent la
soustraire aux dangers qui l'attendent. Il y a des espèces
qui font avec un art incroyable l'éducation de leur famille
ailée.

Tous les oiseaux ne choisissent point, pour bâtir leur
nid, des lieux semblables. Les uns le suspendent aux ra-
meaux aériens du poirier, d'autres le cachent dans l'épais
feuillage d'une haie d'aubépine ; l'alouette, la gaie chanson
du laboureur, confie son nid aux mottes de nos sillons ;
l'hirondelle met le sien sous la sauvegarde de notre hos-
pitalière reconnaissance....

Vain espoir, pauvres petits oiseaux ! vos nids ne seront pas respectés. L'homme ne sait point, parce qu'il ne
veut pas comprendre, que Dieu vous a créés dans une vue
de tendre prévoyance pour le chef-d'œuvre de la création !

Qu'est-ce, en effet, que l'hirondelle, cette aile toujours
déployée? Qu'est-ce que l'alouette, la chanson ailée ?
Qu'est-ce que le chardonneret, la bergeronnette, le grim-
pereau ?... Pourquoi celui-ci monte-t-il le long des arbres
en tournant autour du tronc? Que fait celle-là sur le dos
du bœuf que tourmente la mouche? Que cherche cet autre
sur le chardon échappé à vos binages? Pourquoi, le soir
venu, l'alouette oublie-t-elle de chanter pour marcher der-
rière vous dans le sillon que vous tracez avec la charrue?
Et ces ailes noires qui décrivent, dans les airs ou à la surface des eaux, des lignes capricieuses et sans fin, pourquoi
ne se ploient-elles que la nuit?.... Tous remplissent la
mission que Dieu leur a donnée dans sa bonté pour l'homme;
tous font la guerre aux insectes nuisibles ou incommo-

des (1) et aux graines des mauvaises herbes qui sans eux, envahiraient la terre.

« Le peintre Gros vit un jour entrer dans son atelier un de ses élèves, beau jeune homme, insouciant, qui avait trouvé galant de piquer à son chapeau un superbe papillon dont il venait de faire la capture et qui se débattait encore. L'artiste fut indigné, il entra dans une violente colère : quoi,

(1) Les petits oiseaux sont les fidèles ouvriers du cultivateur. Presque tous se nourrissent d'insectes plus que de graines. La mésange en apporte trois à quatre cents par jour à ses petits. La lavandière, dont la queue semble imiter le mouvement du battoir, guette les moucherons au bord du ruisseau. Le pic, cet ouvrier infatigable, cherche l'insecte sous l'écorce des arbres. Le merle ne se lasse point de retourner les feuilles pour découvrir sa proie. Et le pinson, le rossignol, le mélodieux chantre de la nuit, le roitelet, le bouvreuil, le rouge-gorge, la fauvette, le moineau même, et tous les autres, ne travaillent-ils pas aussi à nous assurer des récoltes intactes?

Mais l'oiseau des champs par excellence, l'oiseau du cultivateur, la joyeuse compagne du laboureur, c'est l'alouette. Il y a des alouettes partout; chaque contrée a sa race d'alouettes comme sa variété de blés. Le roitelet n'est pas plus fidèle au jardinier, le rouge-gorge au bûcheron, que l'alouette aux travailleurs des champs.

Aimez les petits oiseaux, respectez leurs nids; mais que l'alouette vous soit sacrée, enfants de la campagne; ne lui prenez jamais ni les œufs ni les petits. A chaque heure du jour, elle en témoignera sa reconnaissance à votre père, à vos frères et sœurs, à vous-mêmes. Le matin, avant le lever du soleil, de sa voix sonore elle donne le signal aux faucheurs; à l'heure du repos, elle écarte les insectes, et verse dans le cœur du moissonneur, avec sa fraîche harmonie, du courage et la douce espérance; le soir, elle suit la charrue pour ramasser les insectes que l'instrument découvre.

Oh! peut-on ne pas aimer l'alouette! peut-on ne pas voir dans les petits oiseaux une preuve vivante de la tendre prévoyance du Créateur!

malheureux, dit-il, voilà le sentiment que vous avez des belles choses! vous trouvez une créature charmante, et vous ne savez mieux faire que de la crucifier et la tuer barbarement!.... Sortez d'ici, n'y rentrez plus, ne reparaissez jamais devant moi! »

Qu'eût dit le grand et sensible artiste s'il s'était agi d'un bel oiseau utile à l'agriculture !

35ᵉ SUJET. — Séve ascendante et séve descendante.

I.

La séve est le principe du développement des plantes.

Quelle que soit la cause qui fait affluer aux racines les sucs nourriciers des végétaux; quelle que soit la nature de la force qui élève cette nourriture dans la tige et la porte jusqu'aux extrémités aériennes : que ce soit l'effet de la capillarité, de l'évaporation, de la puissance végétale, ou le résultat de leur action combinée, le phénomène de la circulation de la séve n'en est pas moins remarquable, admirable. La circulation de la séve est la source féconde des richesses du règne végétal.

Comment ce mélange d'eau, de gaz et de substances minérales diverses que les racines puisent dans la terre se change-t-il en un liquide d'une nature particulière? Comment se fait-il que ce liquide a des propriétés différentes, selon le végétal dans lequel il circule? Comment les substances semblables peuvent-elles produire des effets variés à l'infini? Nous l'ignorons; mais nous savons que la séve est d'abord imparfaite, aqueuse, et qu'elle s'élabore, se perfectionne par le travail naturel de la plante, par celui des feuilles principalement.

Les surfaces vertes des végétaux, les feuilles surtout, sont douées de la faculté d'absorber certaines parties de l'air; elles décomposent le gaz absorbé, en conservent ce qui est utile à la séve et rejettent le reste. On sait que ce travail végétal n'a lieu qu'à la faveur de la lumière du jour (1). Les substances absorbées par les feuilles s'incor-

(1) Dans l'obscurité, les plantes n'absorbent plus mais exhalent les substances utiles. La plus importante de ces substances est le gaz *acide carbonique*. Ce gaz est aussi contraire à la vie animale, qu'il est nécessaire à la végétation des plantes. Il entre pour une forte part dans la constitution de celles-ci et, dans le sol, il rend solubles différentes substances qui se trouvent dans la composition de la séve, et que, sans cette préparation, les racines ne pourraient absorber.

Pour l'homme et les animaux, au contraire, *l'acide carbonique* est nuisible, mortel lorsque, dans l'air d'une pièce fermé, il atteint une forte proportion. Il provient de la respiration des hommes et des animaux, de la décomposition des substances organiques, de la combustion et de, l'exhalation nocturne des végétaux. D'après cela, il est facile de comprendre qu'il est malsain, même dangereux, de séjourner avec plusieurs personnes ou un certain nombre d'animaux dans un lieu étroit et mal aéré. La fermentation, qui est une véritable décomposition, des fourrages et des fruits ou du jus de ceux-ci, moût de raisin, de poires, de pommes, dégage également beaucoup d'acide carbonique, et rend dangereux le séjour d'un grenier rempli de foins nouveaux, d'un fruitier et d'un cellier où fermentent des fruits ou du moût. Pour le même motif, il est très-imprudent de coucher dans une chambre où il y a des fleurs ou des plantes en végétation. Tout le monde sait que le charbon allumé produit une grande quantité d'acide carbonique, et cause l'asphyxie en peu de temps. Les accidents qui arrivent journellement dans des puits

porent intimement à la séve. Celle-ci perd en même temps, par évaporation, une partie notable de son excès d'eau. Cette double modification donne à la séve une consistance convenable.

Sous ce rapport, les qualités de la séve dépendent de l'état du ciel sous lequel a lieu la végétation. Plus la lumière est vive et la chaleur forte, mieux la séve s'élabore. Les fruits du Midi sont plus parfaits que ceux des régions septentrionales; toutes les plantes sont de meilleure qualité par les années chaudes que dans les années pluvieuses. Lorsque, à l'époque de la végétation, la température est longtemps basse, le soleil rare et les pluies fréquentes, les légumes sont aqueux, les fruits sans saveur, les blés disposés à verser. Les plantes n'ont pu se débarrasser de l'excès d'eau contenue dans la séve; l'activité des feuilles a souvent été ralentie; en un mot, l'élaboration a été incomplète.

II.

L'ascension de la séve se fait par les vaisseaux voisins du centre de la plante; lorsque ces vaisseaux sont obstrués, comme dans les vieux arbres à bois très-dur, ou

---

abandonnés et des souterrains privés d'air, sont l'effet du gaz acide carbonique produit par les substances organiques qui s'y décomposent. L'acide carbonique est plus lourd que l'air et s'accumule dans les couches inférieures. Dans une grotte, célèbre sous ce rapport, appelée la grotte du Chien, située dans l'ancien royaume de Naples, un homme peut, en se tenant debout, séjourner quelque temps sans être incommodé, tandis qu'un chien de moyenne taille y est promptement asphyxié par l'acide carbonique amassé dans la partie basse.

lorsque ces vaisseaux manquent, comme dans les troncs creux, la séve monte par les vaisseaux plus rapprochés de l'écorce. Dans certains bois, dans le noyer, par exemple les vaisseaux de la séve ascendante sont très-visibles; et coupant une branche d'un de ces arbres au fort de l'ascension de la séve, on peut observer ce phénomène, le surprendre, pour ainsi dire, en pleine activité.

La séve ascendante des végétaux est plus ou moins sucrée. Dans quelques espèces, telles que la betterave, le sorgho et les cannes, le sucre est très-abondant; on en tire le sucre du commerce. La séve du bouleau est utilisée dans plusieurs contrées. Le cocotier, outre son fruit, espèce de noix qui renferme un aliment délicieux, fournit une séve sucrée très-abondante. Au sortir de la plante, elle offre une boisson très-agréable, et, en la soumettant à la fermentation, elle se change en une liqueur parfumée connue sous le nom de *vin de palmier*. L'Amérique possède, outre la canne à sucre, un arbre dont la séve, sucrée et d'une saveur agréable, présente une grande analogie avec le lait des animaux, ce qui lui a valu le nom d'*arbre de la vache*.

A la campagne, les enfants savent fort bien découvrir, parmi les herbes des prés, celles qui sont particulièrement sucrées. Qui, en longeant un champ de blé encore vert, n'a succombé à la tentation d'arracher quelques épis pour en mâcher les grains gonflés d'un lait sucré (1)?

(1) En cela, nous avons tort; les grains que nous détruisons ainsi, sans utilité pour nous, sont le fruit d'une année entière de travail, de peine, de sueur et de dépense; en arrachant les épis, nous privons le cultivateur de ses plus légitimes espérances, nous anéantissons ce pain quotidien que nous demandons chaque jour, que le

III.

La séve plus ou moins élaborée, suivant les circonstances favorables ou contraires qui ont présidé à sa distillation par les feuilles, véritables alambics végétaux, continue sa marche dans une direction différente : elle descend vers les racines. Une partie seulement arrive jusqu'aux extrémités inférieures; le surplus est réparti entre les différents organes supérieurs du végétal : bois, écorce, fleurs, fruits, chaque partie recueille sa part de la séve descendante. L'admirable et mystérieux travail de la végétation en fait sortir les trésors du règne végétal.

La marche descendante a lieu par les couches encore tendres de la plante, par celles qui sont en voie de formation, entre l'écorce et le bois blanc. En passant autour du tronc d'un jeune arbre une corde ou tout autre lien, et en serrant cette ligature, on voit se former un bourrelet au-dessus de l'endroit serré, ce qui prouve qu'une partie de la séve descendante a été arrêtée par cet obstacle.

La séve descendante donne des produits non moins utiles que ceux de la séve ascendante, et tout aussi extraordinaires. Les fruits de nos vergers et les récoltes de nos champs ne nous frappent point, parce que nous en jouissons constamment; l'habitude nous empêche de remarquer ce qu'ils offrent de merveilleux. Nous admirons des plantes et des fruits bien imités sur la toile ou par le ciseau, et nous ne sommes pas le moins du monde émerveillés de-

Père céleste avait accordé à la prière du cultivateur et à ses travaux, qui sont une autre forme de la prière. Soyons donc conséquents avec nous mêmes !

vant les véritables chefs-d'œuvre, devant les produits de la nature. Sachez donc que la moindre production de la terre mérite infiniment plus notre admiration que la plus belle peinture; l'artiste copie, Dieu seul crée.

A peine accordons-nous un léger étonnement aux arbres a résine, à cire, à graisse; au camphrier, au frêne de Calabre et à ces arbres dont la séve se coagule et forme cette substance, aujourd'hui d'un usage général, appelée *caoutchouc*. Pourtant, quelle mine de merveilles que le règne végétal; depuis l'herbe que nous foulons aux pieds jusqu'au chêne qui brave l'ouragan !

Saint-Bernard renvoie l'homme à l'école des hêtres. Il pouvait le renvoyer à toute la nature; elle lui tient le même langage sous mille formes différentes.

L'arbre lui dit : protége, nourris et réchauffe;

L'abeille : sois actif et économe;

L'oiseau : sois pur et libre;

L'âne : sois sobre et laborieux;.....

L'insecte lui apprend que le mérite réel ne réside point dans l'éclat de la position, mais dans l'utilité des services rendus, suivant l'ordre de la création.

Si je connaissais un homme assez malheureux pour ne pouvoir point prier, je lui dirais :

Venez dans les champs couverts de moissons, dans la forêt remplie de musique, au bord du ruisseau qui murmure; venez dans la vigne où bourdonne l'abeille; venez sur le coteau verdoyant qui domine le village, auprès de la chapelle solitaire qu'ombrage un pommier en fleurs. Regardez la fleur qui s'épanouit, le papillon qui voltige d'une plante à l'autre, l'oiseau qui bâtit son nid; regardez tout ce qui vit, travaille et aime. Remarquez la richesse des couleurs répandues avec profusion autour de vous, la délicatesse des nuances, l'harmonie des dispositions. Respirez les suaves parfums qui nagent dans l'air. Abandonnez votre pensée à la délicieuse rêverie qui la berce, votre cœur à la douce émotion qui l'agite, et vos lèvres aux élans qui y montent spontanément.....

Vous avez appris à prier, comme il faut prier, du fond d'une âme transportée d'admiration, d'amour et de reconnaissance.

MAI.

Agenda agricole du mois.

Direction. — Les semailles et les plantations du printemps étant terminées, le fermier surveille de plus près les travaux d'entretien de toutes les cultures; en mettant les animaux au vert, il prend des précautions contre la météorisation. C'est le moment de faire exécuter les drainages et les constructions dont l'utilité a été reconnue.

Occupations d'intérieur. — Les principaux soins de la ferme sont relatifs aux animaux et aux fumiers. Les écuries et les étables doivent être tenues avec beaucoup de propreté et parfaitement aérées ; les fumiers, tassés et arrosés avec soin.

Travaux extérieurs. — Binez, binez. Récoltez les trèfles et autres fourrages assez développés pour être coupés. Il vaut mieux ne pas attendre trop longtemps pour faire les premières coupes; les suivantes seront plus belles. Mettez les chemins d'exploitation en bon état. Faites conduire les matériaux nécessaires à vos constructions et aux drainages. Diminuez les irrigations si l'herbe est forte. Elles se font de jour si la température est froide, et de nuit si elle est chaude.

Depuis que les cultures fourragères ont pris faveur, les prairies naturelles ont perdu de leur importance et diminué de valeur. Les cultivateurs comprennent généralement qu'il est plus avantageux de récolter la même quantité de fourrage sur vingt ares de terre coûtant cinq à six cents francs, que sur un pré valant quinze cents à deux mille francs. L'habitude seule les empêche d'être conséquents avec leur conviction et ce simple calcul.

36ᵉ SUJET. — Météorisation.

La nourriture verte est très-avantageuse pour les bestiaux, les vaches surtout en profitent à tous égards; elles engraissent, donnent beaucoup de lait, sont alertes et ont bonne apparence. Malheureusement, ces avantages ne s'obtiennent pas sans danger de pertes : les fourrages verts, les jeunes trèfles principalement, exposent les animaux, les ruminants plus que les autres, à la météorisation.

L'enflure ou météorisation est un gonflement subit et extraordinaire de la panse de l'animal. Il est produit par le dégagement d'une grande quantité de gaz dans le rhumen (premier estomac) des ruminants. Chez les autres ani-

maux, il provient de la même cause existant dans l'estomac unique.

On combat la météorisation par l'ammoniaque, l'éther
et la ponction. Mais il est plus facile d'éviter l'enflure que
d'en arrêter l'effet, la perte de la vache, du bœuf ou des
moutons météorisés.

On n'est pas d'accord sur les circonstances qui rendent le
trèfle plus ou moins dangereux. Mais il est certain, tout le
monde l'admet, que l'on prévient la météorisation en mê-
lant au trèfle une certaine quantité de paille, ou en faisant
précéder le trèfle vert d'une ration de fourrage sec pendant
les quinze premiers jours. La nourriture sèche empêche
l'animal de manger trop de trèfle et facilite la digestion régulière du fourrage vert.

37e SUJET. — Fumier.

La nécessité de disposer, en bonne agriculture, d'une
grande quantité d'engrais, n'a plus besoin d'être démontrée. Le meilleur engrais est, sans contredit, le fumier
de ferme. C'est pourquoi nous avons insisté sur l'importance des plantes fourragères, source des fumiers, c'est-à-
dire d'améliorations durables et d'une croissante prospérité.

Mais il ne suffit pas de produire des fumiers; il faut
aussi leur conserver la puissance fécondante.

Le soin le plus utile, sous ce rapport, à donner aux fumiers, pendant les chaleurs du printemps et de l'été, consiste à les arroser fréquemment. On emploie à cet usage,

soit le purin et les urines, soit de l'eau simplement.

Le pouvoir fertilisant des fumiers réside principalement dans l'ammoniaque provenant des matières animales, qui se développe par la fermentation.

A l'état de carbonate, qui est la forme sous laquelle l'ammoniaque se produit dans les fumiers, cette substance fertilisante est extrêmement volatile. Dès que la chaleur d'un tas de fumier s'élève un peu, le carbonate s'en échappe en vapeur invisible. C'est le gaz ammoniacal qui, en se dégageant sous l'influence d'une température élevée, répand dans les écuries et les cours cette odeur forte et piquante que les cultivateurs connaissent parfaitement.

Il n'y a qu'un moyen à la portée de tout le monde d'arrêter cette déperdition, c'est de modérer la fermentation par des arrosages copieux et multipliés.

38e SUJET. — Logements des animaux domestiques.

Les grandes chaleurs imposent au cultivateur des soins particuliers envers les animaux de son exploitation.

Il doit ménager les bêtes de trait, procurer de l'ombre aux troupeaux, abreuver souvent tous les animaux, et veiller attentivement à la qualité des fourrages. Les logements surtout doivent être l'objet de sa constante surveillance.

L'animal, soit qu'il passe une partie du jour dans les champs, au travail ou au pâturage, soit qu'il ne quitte point l'étable, a besoin d'un air pur et abondant. Il ne se trouve pas dans ces conditions lorsque son logement est étroit, sale et mal aéré.

Dans les étables basses et encombrées de bestiaux, l'air est toujours insuffisant, la chaleur le rend brûlant et plus rare encore ; la malpropreté, malsaine en toute saison, devient aisément une cause de mortalité durant les chaleurs de l'été. Pour peu que les logements soient encore mal aérés par manque d'ouvertures convenables ou par négligence, il sera plus facile de s'expliquer une épizootie éclatant dans ces circonstances, que de comprendre comment la santé des animaux résiste quelquefois à tant de causes de maladies.

Durant l'été, donnez aux bestiaux le plus d'espace possible ; nettoyez et lavez leurs logements avec soin ; faites-y circuler un air pur et sans cesse renouvelé. Votre intérêt le commande ; la santé des animaux est à ce prix, à ce prix seulement.

39e SUJET. — Effets désastreux de l'ignorance.

Le sujet précédent est d'une telle importance que je crois utile d'y revenir. Un exemple terrible des suites désastreuses que peut avoir l'ignorance sur ce point fera mieux comprendre la nécessité des précautions hygiéniques dans les logements des animaux.

Il y a quelques années, je faisais valoir une propriété voisine d'un des plus beaux domaines de l'Est de la France. Le fermier de cet ancien fief était un homme intelligent, actif et ami du progrès. Pour être un cultivateur accompli, un agriculteur, une seule chose lui manquait, une chose essentielle, la science agricole.

Les écuries de la ferme étaient basses, sans air et mal entretenues. Mais depuis trois ans qu'il cultivait ce bien, rien n'avait fait penser que ces dispositions fussent contraires à la santé des animaux. La quatrième année, l'été fut très-chaud, une mortalité effrayante se déclara dans les écuries de mon pauvre voisin. Sur vingt-cinq chevaux, il n'en sauva que trois, et sur quatre-vingts bêtes bovines, il en perdit cinquante-deux. C'était navrant.

On attribua la maladie à tout, excepté aux logements des animaux. Comme le fermier était riche, il acheta d'autres chevaux et un certain nombre de bœufs et de vaches. L'accident semblait réparé, si la perte ne l'était pas.

Malheureusement, les véritables causes du désastre subsistaient. L'été suivant, la mortalité n'épargna pas une seule bête. Le coup était atterrant. Il ouvrit enfin les yeux au malheureux fermier; les écuries furent démolies et rebâties dans de bonnes conditions. Les animaux reçurent des soins mieux entendus.

Depuis quinze ans que ces changements ont eu lieu, mon ancien voisin n'a pas eu une seule bête malade.

10° SUJET. — **La floraison et la fructification.**

I.

Le mois de mai est le commencement de la saison des fleurs. Ne laissons point passer cette admirable fête des

6

yeux, sans nous rendre compte de cet universel concert de la nature.

La floraison est la première période de la fructification. Les fleurs sont, pour les plantes, la fête de la fécondation, pour l'artiste, la fête de la vue; pour le cultivateur, comme pour le philosophe, la fête du cœur.

Jamais fête n'a été plus splendide, plus générale et moins coûteuse; les fleurs surpassent en beauté tout ce que l'opulence peut imaginer; elles s'étendent à toutes les régions, et s'offrent spontanément à notre admiration : il y a des fleurs dans les terres les plus arides, comme dans les champs les plus fertiles; il y en a dans les marais, comme au sommet des montagnes; il y en a au bord de l'eau, sur l'eau, comme au milieu des sables brûlants....

J ai dit comment la séve, complétement élaborée au contact des feuilles, se répand dans les divers organes du végétal. Mais la part la meilleure, la plus subtile, la quintescence de la séve se dirige vers les bourgeons. Elle y opérera le phénomène de la reproduction, de la conservation de l'espèce, et ne saurait être préparée avec trop de soin, ni contenir trop de principes essentiels.

A mesure que cette séve afflue aux bourgeons, ceux-ci gonflent, grossissent visiblement; le travail préparatoire de la floraison est commencé. Cette première phase s'accomplit da s l'intérieur du périanthe soigneusement fermé; de même que l'artiste s'enferme dans l'atelier jusqu'à ce que son œuvre soit parfaite, la nature s'entoure de mystère et ne produit ses chefs-d'œuvre que dans tout l'éclat, dans toute la perfection de leur beauté.

Mais voici le calice, jaloux de son trésor, qui s'entrouvre lentement comme à regret; la fleur va paraître, elle s'épanouit. Remarquez avec quelles précautions la corolle, plissée, serrée entre les parois du périanthe, déploie ses feuilles de mousseline, de soie, de velours ou de satin, les lisse, les étale fraîches et parfumées.

Oh! que la nature est admirable dans ses productions!

« Voyez-la créer des chefs-d'œuvre pour un hymen de quelques heures. Rien ne lui coûte : les parfums, les formes, les couleurs, la grâce, la richesse; elle varie, elle prodigue tout, comme si elle savait que, hors de là, des yeux s'ouvrent pour voir et des âmes pour admirer. Ce sont des colonnades d'or, des palais d'émeraude, des couches veloutées, des rideaux d'azur et de pourpre; c'est le zéphir qui agite toutes ces tiges, qui fait flotter toutes ces draperies, qui épanche toutes ces senteurs, qui module toutes ces harmonies, soupirs ineffables de la nature éternellement portés vers le ciel. »

II.

Avec quelle joie le cultivateur voit approcher l'époque de la floraison! Dans quelle anxiété il passe les jours de cette phase critique de la végétation! Avec quel bonheur il constate que la fleuraison s'est accomplie dans des conditions favorables. Pour le cultivateur, toute une année de rudes travaux, de grandes dépenses, de veilles et de peines incessantes repose sur ce travail intime de la fleur. Continuons l'étude de cet intéressant phénomène.

Dans l'intérieur de la corolle des fleurs à forme bien déterminée, on remarque un certain nombre de filets. Ils existent également dans les autres fleurs, mais d'une façon moins apparente. Ces filets sont les *étamines* et le *pistil.*

Celui-ci, qui occupe ordinairement le milieu de la corolle, n'est autre chose que le prolongement d'une poche qui forme la base de la fleur. Cette poche se nomme *ovaire*, parce que les graines, qui sont comme les œufs des plantes, s'y forment et s'y développent. Les étamines sont rangées en cercle autour du pistil.

Le nombre des étamines varie d'une fleur à l'autre. La rose simple, qui a cinq feuilles ou *pétales*, renferme de quinze à vingt étamines; l'œillet a dix étamines; la tulipe en a six; l'iris, trois; le lilas, deux; la valériane rouge n'en a qu'une seule : par contre, la fleur du pavot ne renferme pas moins de cent étamines.

Les étamines sont terminées, à la partie supérieure, par une petite capsule, appelée *anthère*, qui se remplit d'une poussière presque toujours jaune (1). Cette poussière se nomme *pollen*.

Le pistil est également terminé par un renflement qui lui donne la forme d'un pilon. Le bouton qui termine le pistil se nomme *stigmate*.

A un moment donné, le stigmate s'humecte d'une substance légèrement visqueuse, et les anthères éclatent; le pollen s'échappe par la crevasse, tombe sur l'extrémité renflée du pistil et, grâce à l'humidité du stigmate, s'y attache en partie. Les graines, qui sont déjà formées dans l'ovaire, vont recevoir le germe de nouvelles plantes semblables à celle qui les porte, et acquérir le développement dont elles sont susceptibles.

A la simple vue, la poussière fécondante des fleurs, n'offre rien de particulier; au microscope, le pollen se

---

(1) Elle est blanche dans la mauve et brune dans la tulipe....

compose d'une infinité de petites outres. Ces ballons microscopiques sont remplis d'une substance dont la nature est encore inconnue, mais que l'on croit être de l'oxygène pur. L'humidité du stigmate dissout l'enveloppe des petits ballons et le gaz pénètre jusqu'au fond du pistil où il féconde les graines ébauchées.

La fécondation accomplie, les étamines, le pistil et la partie brillante de la fleur se flétrissent; leur rôle est fini. L'ovaire se développe suivant son espèce. Dans les céréales, il se forme une couche de farine; dans le pêcher, le prunier, le cerisier,.... il se produit un noyau dur, entouré d'une chair plus ou moins épaisse; dans le poirier, le pommier, l'oranger...., nous trouvons des pepins qui ont également leur enveloppe charnue.... Les mêmes effets merveilleux se produisent dans toutes les plantes.

III.

Par une admirable prévoyance du Créateur, la poussière fécondante est toujours en excès dans les fleurs. D'un autre côté, la position respective du pistil et des étamines est généralement favorable à la fécondation de l'ovaire : les étamines sont plus grandes que le pistil, et, au moment de la fécondation, elles s'inclinent vers celui-ci. Ces dispositions étaient utiles pour assurer la conservation des espèces végétales.

Le superflu du pollen n'est pas perdu; les abeilles recueillent cette poussière et en font ces admirables rayons de cire qu'elles garnissent de miel odorant.

Il y a néanmoins des plantes qui sous ce rapport semblent moins bien partagées. Les unes ne réunissent point

6*

dans la même fleur les deux organes de la fécondation, le pistil et les étamines. Le melon et le coudrier sont du nombre. Les autres, comme le chanvre (1) et le pistachier, possèdent ces organes sur des pieds différents ; dans celles-ci, le pistil est long et les étamines courtes ; dans celles-là, la fleur qui porte le pistil, vient s'épanouir à la surface de l'eau, tandis que les étamines, venues sur une tige séparée, sont retenues au fond de l'étang. La nigelle de Damas est dans le premier cas ; la valisnère, dans le second. Mais ces désavantages sont rachetés par des dispositions particulières.

Dans les espèces où les deux organes ne sont pas réunis dans la même fleur, les étamines naissent au-dessus des fleurs à pistil, de manière que celui-ci reçoit le pollen aussi sûrement que s'il était placé au milieu des étamines mêmes. Vers la fin de l'hiver, le noisetier se couvre de chatons d'un gris jaunâtre. Ce sont les fleurs à étamines ; elles viennent avant les feuilles.

Les fleurs qui renferment les pistils se montrent plus tard, au-dessous des chatons. Ce sont des bourgeons verts, écailleux, d'où sort une houpette d'un rouge foncé. Les anthères peuvent éclater, le pollen sera reçu par ces jolies houpettes.

Lorsque les deux organes de la fécondation sont placés sur des pieds différents, le vent et les insectes servent d'intermédiaires entre les fleurs à étamines et les fleurs à pistil.

---

(1) Les savants supposent que le pistil est l'organe femelle et les étamines les organes mâles. A la campagne, on a l'habitude, au contraire, d'appeler chanvre mâle celui qui porte les fleurs à pistil, et chanvre femelle celui qui produit les fleurs à étamines.

Les abeilles surtout, en passant d'une fleur dans l'autre, chargées de pollen, en déposent une partie sur les pistils.

Dans les espèces où le stigmate est supporté par un filet ou *style* très-long, et l'anthère par un pédoncule court, celui-ci s'allonge, où le style s'abaisse au moment convenable.

Dans d'autres espèces, où existe la même disproportion entre les deux organes, la fleur est renversée comme celle du fuchsia, et le pollen tombe également sur le pistil.

Ne nous préoccupons pas davantage de la reproduction des plantes, dont les étamines sont captives au fond de l'eau, tandis que les fleurs à pistil s'épanouissent sur la nappe tranquille de l'étang. Celui qui retient le pollen de la valisnère au fond de l'eau, a calculé la force des liens et les rompra à temps : les anthères viendront éclater autour de la corolle et enverront au pistil la poussière fécondante.

IV.

A ces soins prévoyants, dont le Créateur a entouré la conservation des espèces végétales, il faut en ajouter beaucoup d'autres. Ainsi, toutes les graines sont pourvues d'une certaine quantité d'huile. Cette huile, qui contient l'odeur spéciale à chaque plante, brûle lentement au contact de l'air, et, par une chaleur insensible, entretient la faculté germinative de la graine, ou, à défaut d'air, protége celle-ci contre l'effet de l'humidité. Cette dernière circonstance explique comment certaines plantes peuvent reparaître dans les champs, plusieurs années après leur enlèvement : les graines, enterrées profondément dans le sol, y sont préservées de la pourriture par l'huile qu'elles contiennent, et lorsqu'elles sont ramenées dans les couches supérieures, par un labour profond, par les fouilles d'un ver, d'une taupe ou des porcs, par une autre plante ou par un de ces mille agents qui nous échappent, cette même huile ranime dans ces graines, la vie végétale que le défaut d'air avait suspendue.

La faculté germinative des graines dépend de la quantité et de la durée de l'huile spéciale dont elles sont pourvues. La quantité est subordonnée à la nature de la plante et aux circonstances de son développement : il y a des espèces dont la graine contient beaucoup d'huile, témoin le pavot; mais le sol et les autres conditions culturales ont une grande influence sur sa production. L'action de cette huile dure plus ou moins longtemps, selon que ce corps gras est abondant et volatile, comme aussi, selon les circonstances dans lesquelles la graine s'est formée, a été récoltée et se trouve pendant la conservation. De là vient la différence entre les essais touchant la durée de la faculté germinative des graines; ceux qui leur assignent une longue durée ont fait leurs expériences avec des graines parfaites; les autres ont opéré avec des graines qui s'étaient formées dans des conditions moins favorables ou qui avaient été moins bien conservées (1).

La prévoyance créatrice n'a pas été moindre sous le rapport de la propagation des végétaux. Il y a, par exemple, des fruits comme les capsules d'une variété de lin et celles de la balsamine, qui, à l'époque de leur maturité, s'ouvrent

_____

(1) Le tableau suivant indique le temps pendant lequel la propriété de germer se maintient dans les principales semences récoltées et

d'eux-mêmes et lancent les graines à des distances plus ou moins grandes. Dans d'autres espèces, les graines sont pourvues d'aigrettes, d'ailes, de voiles, de parachutes, de pointes ou de crochets. Ce sont autant de moyens dont la nature se sert pour faire répandre les graines par le vent, par les cours d'eau, par les oiseaux, par les insectes et par une foule d'autres intermédiaires. Ces voies de propagation expliquent la présence, dans les champs, de plantes inconnues ou dont l'espèce avait disparu.

La fécondité des plantes, autre moyen de propagation et de conservation des espèces végétales, a lieu d'étonner l'imagination. Un pied de pavot donne 32,000 graines; un pied de tabac en produit 360,000; un orme fournit jusqu'à 600,000 graines. Dans le règne animal, la carpe offre l'exemple d'une fécondité non moins prodigieuse; elle pond à la fois près de 350,000 œufs, 6 à 700,000 par an.

Combien d'autres merveilles s'accomplissent sous nos yeux sans que nous les remarquions! Nous vivons au mi-

conservées dans de bonnes conditions. Il est emprunté au *Manuel populaire d'agriculture* de M. Schlipf.

Les féverolles pendant 5 ans.		L'orge d'automne	
Le sarrasin....... 2 à 3 —		pendant........ 3 à 8 ans.	
Les pois........... 5 —		L'orge de printemps. 2 —	
L'espariette........ 4-5 —		L'avoine.......... 2 —	
Le chanvre........ 3 —		Le pavot ou œillette. 2 —	
Le millet........ . 2 —		Les carottes........ 4 —	
Le trèfle rouge...... 2-3 —		Le seigles......... 4 —	
Le rutabaga .... 5-6 —		Le colza........... 3 —	
Le choux cabus ..... 5-6 —		Le blé de printemps. 3-3 —	
Les lentilles........ 2 —		Le blé d'automne.... 3-4 —	
Le lin............. 2 —		La betterave........ 6-7 —	
La luzerne.......... 3 —		Le tabac .... 9 —	

lieu des preuves les plus éclatantes de l'infinie bonté de
Dieu, et nous ne les voyons point, et notre esprit ne les
comprend point, et notre cœur reste froid à l'admiration,
froid à la reconnaissance!!!

Apprenons donc à regarder les fleurs (1), à observer les
phénomènes de la fructification, pour apprendre à connaître
l'auteur de l'univers. Je ne dis pas qu'il faut étudier les
fleurs rares et difficiles à se procurer ou à cultiver ; mais
les plus communes, la pâquerette, le muguet, les fleurs du
pêcher, celles du pommier, le bluet, la fleur *jaune* du
persil, la fleur *blanche* de la *ciguë*, le colchique, dont les
fleurs lilas émaillent les prés à l'automne, tandis que ses
graines ne sortent de terre que l'été suivant.... Les fruits
les plus communs, aussi bien que les plus rares, nous ré-
vèlent la toute puissance et la bonté sans fin du Créateur ;
tous s'adressent à l'esprit et au cœur de l'homme capable
de penser et de sentir.

(1) « La culture des fleurs, chez les villageois, annonce une révo-
« lution dans leurs sens. C'est un plaisir délicat qui se fait jour à
« travers des organes grossiers, c'est une créature dont les yeux
« s'ouvrent ; c'est le sentiment du beau, une faculté de l'âme qui
« s'éveille. L'homme comprend alors qu'il y a dans les dons de la
« nature quelque chose de plus que le nécessaire : les couleurs, les
« formes, les parfums sont aperçus pour la première fois. Ces char-
« mants spectacles ont enfin des spectateurs. Ceux qui ont parcouru
« nos campagnes peuvent en rendre témoignage : un rosier sur
« une fenêtre, un chèvrefeuille à la porte d'une chaumière, sont
« toujours d'un bon augure pour le voyageur fatigué. La main qui
« cultive des fleurs ne se ferme ni à la prière du pauvre ni aux
« besoins de l'étranger. »

JUIN.

Agenda agricole du mois.

Direction. — A l'approche du jour de la bataille, le général passe la revue de toutes les troupes sous ses ordres. L'époque de la grande bataille de l'agriculture est proche ; la fenaison va commencer, et la moisson suivra de près cette première récolte. Il faut donc que le fermier s'assure si tout est prêt pour ces importantes opérations. Il faut qu'il examine les instruments ; qu'il visite les granges, les fenils et les greniers. Il a dû songer dès longtemps à engager des ouvriers habiles.

Occupations d'intérieur. — On prépare les instruments pour la fenaison et la moisson, s'ils ne sont déjà prêts. On nettoie les greniers et les fenils. — La navette et le colza sont battus à mesure qu'on les rentre. Il y a des départements où cette opération se fait dans les champs. Dans ce cas, ces récoltes doivent être battues ou dépiquées sur une grande toile. Lorsqu'on les bat dans la grange, la voiture sur laquelle on les rentre doit être garnie d'une toile pareille. Sans ces précautions, il se perd beaucoup de graines. Celles-ci sont conservées mêlées aux siliques jusqu'au moment de la vente, c'est le moyen de prévenir une fermentation excessive et nuisible.

Travaux extérieurs. — Semez des fourrages pour être consommés en vert ou pour servir d'engrais. Enfouissez les plantes semées précédemment à cette fin. Conduisez le fumier sur les champs que vous destinez au repiquage du colza et des autres plantes à transplanter. Binez sans cesse. Semez la navette d'été, les navets, le sarrasin. —Fauchez, fanez et rentrez le foin avec la plus grande promptitude.

41e SUJET. — **Préjugé à combattre.**

Deux obstacles généraux et sérieux entravent le progrès agricole : l'esprit de routine et les préjugés.

L'instruction détruira la routine ; combattons les préjugés.

« Les machines ! les machines ! machines à battre, machines à faucher, machines à moissonner ! Et que deviendront les bras qui vivent de l'ouvrage que vous destinez aux machines ? » Voilà comment se produit à la campagne le préjugé qui s'oppose à l'introduction des instruments mécaniques dans l'agriculture.

Ce que deviendront les bras ? Mais pour dix bras qu'une machine remplace, elle crée de l'occupation pour vingt ou trente. Prenez pour exemple la batteuse mécanique.

En deux mois, elle fait la besogne qui aurait donné du pain à douze familles l'hiver durant, comment vivront les malheureux privés de cet ouvrage ? Ils feront un travail moins pénible, moins insalubre et mieux payé que celui du batteur en grange.

Le cultivateur sait que, sous le rapport du bénéfice, plusieurs industries agricoles sont très-avantageuses ; il sait aussi que ces industries seules offrent le moyen de retenir les ouvriers à la campagne, parce qu'elles permettent de les occuper toute l'année et de les rétribuer convenablement. Le cultivateur s'ingéniera donc dans ce but, car il n'est pas ennemi du bénéfice, et il n'oublie pas que certains travaux exigeront toujours beaucoup de bras. Il montera une distillerie, une féculerie, une brasserie, une huilerie, une sucrerie, que sais-je ? il augmentera son bétail ; il fera si bien enfin qu'il y aura de l'ouvrage pour tout le monde. Comme ces industries seront lucratives pour le cultivateur, il payera de bonnes journées aux ouvriers ; voilà ce que deviendront les bras remplacés par les machines agricoles. Au lieu de repousser celles-ci, appelez-les donc de tous vos vœux.

42ᵉ SUJET. — **Soins hygiéniques.**

La fenaison et la moisson, les travaux les plus pénibles et pourtant les plus joyeusement exécutés, sont souvent attristées par des accidents qu'il était facile de prévoir et que l'on pouvait prévenir. Il n'est pas rare que, ces travaux terminés, quelques-uns de ceux qui y ont pris part tombent malades, languissent ou meurent. La fatigue n'est pas la seule ni même la principale cause de ces maladies. Elles sont la conséquence de quelque grave imprudence.

Les travailleurs des champs ne se doutent point des suites fatales d'un refroidissement. On les voit, ruisselants de sueur, boire de l'eau glacée, se coucher sur le sol humide, rechercher des courants d'air, se jeter dans la rivière.... Un seul de ces actes imprudents suffit **pour causer des maladies mortelles, une mort instantanée.**

Les pores dont la peau est criblée remplissent, dans l'é-
conomie animale, des fonctions importantes et qui ne sont
jamais supprimées impunément. Ils accomplissent sur toute
la surface du corps un travail analogue à celui des poumons :
les pores sont les organes d'une sorte de respiration insensible mais essentielle. En se rafraîchissant d'une façon
subite, quand les pores sont très-ouverts et que la sueur y
afflue copieusement, on arrête cette respiration. Il arrive
alors, dans un temps plus ou moins court, ce qui a lieu
instantanément lorsque la respiration par la bouche et les
narines est supprimée : on meurt comme étouffé.

Dans tous les cas de refroidissement, il n'y a qu'un
moyen de se guérir, c'est de rétablir au plus vite la tran-
spiration arrêtée. Si l'on y parvient, le mal n'ira pas plus
loin. La chose n'est pas toujours facile. En tout cas, il eût
mieux valu prévenir la maladie. Dans ce but, il faut éviter
quand on a très-chaud, de boire froid, surtout beaucoup à
la fois; de se coucher par terre et de se trouver dans un
courant d'air. Un bain froid peut, en pareil cas, occasion-
ner une mort subite.

Les habitants de la campagne, grâce à leur forte constitution, fruit d'une vie active et sobre, échappent quelquefois aux plus graves suites de leurs imprudences; mais ils en
sont souvent victimes, et presque toujours il leur en reste
des infirmités ou des douleurs sourdes (1).

Un accident auquel on s'expose fréquemment aussi à la
campagne, c'est celui que cause la foudre. Lorsque l'orage

---

(1) Dans un livre destiné aux écoles de filles, intitulé . *La fer-
mière*, j'indique la manière de soigner les domestiques malades. Cet
ouvrage a été autorisé pour toutes les écoles par M. le ministre de
l'instruction publique. Il se trouve à la librairie de M Paul Dupont.

éclate, tous les travailleurs qui sont dans les champs, courent s'abriter sous les arbres. Comme les arbres, par leurs branches supérieures, attirent la foudre, les malheureux courent au-devant de la mort.

43ᵉ SUJET. — **La fenaison et les foins nouveaux**.

I.

Avant de parler de la fenaison proprement dite, je dirai la manière de faire la récolte des fourrages artificiels.

Au moment de passer en fleur, les plantes artificielles contiennent un tiers environ plus de principes azotés, c'est-à-dire de substances nutritives, que lorsqu'elles sont en pleine fleur. Le commencement de la fleuraison paraît donc être l'époque la plus favorable pour faire la récolte des fourrages artificiels. Cette époque est aussi là plus avantageuse au point de vue des autres qualités de ce fourrage : fauchées plus tôt, les prairies artificielles fournissent une nourriture trop tendre pour les animaux adultes, pour les chevaux surtout, et peu économique ; plus tard, une partie au moins des tiges serait dure et refusée par les bestiaux.

La récolte des prairies artificielles exige des précautions particulières. Les feuilles des plantes qui forment ces prairies en sont la partie la plus nourrissante. Elles tombent aisément pendant le fanage, et demandent, pour être conservées, des soins minutieux. Le mode de fanage décrit dans les lignes suivantes, empruntées à un excellent cours d'agriculture (1), remplit parfaitement ce but. Il est pratiqué dans les meilleures fermes.

II.

« Tout ce qui est fauché le matin est laissé en andins, tels que les a faits le fauchage. Vers midi ou une heure on les retourne, mais on ne les éparpille pas : cette opération a pour seul but de les faire également ressuyer des deux côtés ; ce qui est fauché le soir est laissé intact. Le lendemain matin, aussitôt que la chaleur du soleil a fait évaporer la rosée, on met en petits tas de 10 à 20 kilogrammes tout ce qui a été fauché la veille indistinctement. On a soin de les soulever le plus tôt possible, afin que la chaleur et le vent les pénètrent dans tous les sens. On les retourne le jour même et les jours suivants jusqu'à ce qu'ils soient secs, mais toujours sans les répandre ; aussitôt que l'on s'aperçoit que la dessication est terminée, on apporte des liens de paille ou d'écorce de tilleul, qu'on a préparés dans les cours pendant que la rosée ne permettait pas de travailler dans les champs, et on lie ce qui est sec ; le lien est étendu par terre et chargé de deux des petits monceaux dont j'ai parlé précédemment. Les ouvriers les plus faibles chargent les liens, et les plus forts, ou mieux les plus adroits, lient les bottes sans trop les secouer. Par la dessication ces sortes de fourrages se réduisent ordinairement au quart du poids qu'ils avaient étant verts ; ainsi chaque botte pèse à peu près 6 à 8 kilogrammes. »

(1) Maison rustique du 19ᵉ siècle.

III.

Les prairies artificielles n'étant composées que d'une seule espèce de plantes, il est facile de saisir le moment convenable pour en faire la récolte. Il est plus difficile de déterminer l'époque précise où il convient de faucher les prairies naturelles. Les plantes de ces prairies sont également plus nourrissantes avant la fleuraison qu'après cette période de leur développement ; mais les différentes espèces qui forment le gazon des prés naturels fleurissent à des intervalles très-éloignés et ne sauraient être fauchées toutes au moment le plus favorable. Faut-il choisir, pour faire la récolte, le moment où les plantes les plus utiles vont fleurir ? Ce serait imposer au cultivateur une étude longue, difficile, et qui, en définitive, serait d'un mince résultat pour la pratique ; car il y a, dans les prés, des plantes très-utiles qui fleurissent en mai et même en avril, tandis que d'autres non moins utiles ne produisent leurs fleurs qu'à la fin de juin ou au commencement de juillet. Le plus simple, comme le plus rationnel, est donc de faire la récolte du foin à l'époque de la floraison du plus grand nombre des différentes plantes prairiales. C'est ce qui se pratique généralement. L'expérience a conduit à la même conclusion, que l'on trouve au bout du raisonnement.

IV.

Quoique le produit des prairies naturelles soit moins délicat que celui des prairies artificielles, il est également avantageux, dans les années pluvieuses surtout, de suivre, pour la fenaison, le procédé de fanage indiqué pour la récolte du fourrage artificiel. C'est le moyen de conserver au foin toutes les parties nutritives, quand la fenaison se fait par une grande chaleur, et, en temps de pluie, d'empêcher qu'il ne se gâte et qu'il ne perde son arome et sa belle couleur verte.

On peut, néanmoins, se dispenser de botteler le foin pour le rentrer.

Aussitôt qu'une partie est sèche, il la faut rentrer ; on ne doit être complétement rassuré sur les récoltes fanées que lorsqu'elles sont à couvert. Le foin, soit qu'on le conserve dans un grenier, soit qu'on le mette en meule, doit être fortement tassé partout. Sans ce soin, la fermentation n'est pas uniforme, et le fourrage n'est pas de la même qualité sur tous les points du fenil ou de la meule ; il arrive même qu'il se détériore dans les endroits qui n'ont pas été suffisamment pressés. Dans ce dernier cas, il n'y a guère que le sel qui puisse le faire accepter aux animaux.

V.

La récolte des foins est une des plus fatigantes de l'agriculture. Le travail du faucheur surtout est extrêmement pénible. Faisons des vœux pour que les faucheuses mécaniques viennent bientôt relever l'homme de ce rude labeur !

Par le beau temps, cette récolte se fait rapidement, et les foins nouveaux, bien fanés, ne demandent pas d'autres soins que ceux que nous venons de recommander ; il n'en est pas ainsi des foins mal séchés ou gravement atteints par la pluie. Ceux-ci, s'ils sont entassés sans précaution, perdent une grande partie de leur valeur, s'ils ne sont

complétement impropres a servir de fourrage. Il faut, en
les déchargeant, y mêler de la paille bien sèche, dans le
double but de prévenir un tassement excessif et de faire
absorber une partie de l'humidité par la paille.

Ces précautions ne préservent pas toujours d'une apparence défavorable, d'une couleur noirâtre, les foins mal
rentrés; mais elles lui conservent ses qualités nourrissantes. Au besoin, le sel, qui rend mangeables des fourrages avariés, ferait oublier aux animaux le goût désa-
gréable que ce foin aurait contracté (1).

(1) Le *Journal d'agriculture pratique*, dirigé d'une manière
aussi brillante qu'utile par mon savant et infatigable compatriote,
M. J.-A. Barral, vient de publier la notice suivante :

CONSERVATION DES FOURRAGES EN SILOS.

« Le *Journal de la Société d'agriculture de la Prusse rhénane*
donne des conseils intéressants ayant pour but de rendre la conservation des fourrages indépendante des intempéries de la saison. Le
mauvais temps qui a régné durant toute l'année dernière a dû naturellement faire songer à trouver un mode de conservation qui pût
permettre de garantir les fourrages du dégât, même pendant les
étés les plus défavorables.

« Pour arriver à ce but, il suffit d'employer un moyen bien simple et qui est applicable à tous les fourrages verts. On les conserve
en les foulant dans les fosses par un procédé assez analogue à celui
de la fabrication de la choucroute. De même que les feuilles de
chou coupées en petites lamelles et pressées dans un tonneau her-
métiquement fermé peuvent fournir pendant longtemps une nourriture saine, de même tout fourrage vert peut être converti en un
aliment salubre, qui, encore au bout de plusieurs années, peut être
donné sans inconvénient aux animaux.

« Le fourrage vert destiné à ce mode de conservation peut être
fauché et entassé pendant un temps de pluie sans le moindre inconvénient. L'agriculteur se trouve donc ainsi entièrement indépendant

Le foin nouveau ne doit jamais être employé, comme fourrage, avant l'automne, lorsqu'il n'y a plus trace de fermentation. Il est même de beaucoup préférable de ne s'en servir qu'au printemps de l'année suivante. A cette

des caprices du temps. Si le temps est favorable, il fera sécher son foin; si la pluie règne sans interruption, il fera de la conserve de fourrage.

« Des expériences faites par les plus habiles praticiens des bords du Rhin depuis des années semblent avoir prouvé que le fourrage est accepté par le bétail aussi bien sous l'une que sous l'autre de ces deux formes.

« La chose importante est de bien faire cette conserve de fourrage. La condition essentielle pour réussir est de disposer le fourrage vert par couches minces; il faut le bien fouler jusqu'à ce qu'il ne reste plus de vide dans la fosse, car s'il restait de l'air entremêlé aux herbes, ce n'est pas seulement la fermentation acide mais la fermentation putride qui se produirait. Si le foulage a été suffisant, si l'air a été chassé autant que possible, les plantes, grâce à la fermentation acide qui s'établit dans la masse, se transforment en un aliment facile à digérer et que le bétail mange très-volontiers, surtout après un usage de quelques jours.

« Le fond des fosses et les parois doivent être rendus imperméables à l'air et à l'eau; aussi convient-il de les creuser dans des terres fortes et argileuses. Si le sol était léger, il faudrait revêtir les parois d'un enduit de mortier. Il n'y a pas de règle à donner touchant la longueur, la largeur et la profondeur des fosses, dont les dimensions doivent varier selon la quantité de fourrage que l'on y voudra mettre.

« On peut répandre, si l'on veut, un peu de sel sur chaque couche (environ un tiers pour cent du poids); cela rend le fourrage plus facile à digérer, mais n'est pas absolument nécessaire pour assurer sa conservation.

Quand la fosse est remplie, on ajoute encore une couche de deux pieds de haut que l'on foule bien et que l'on recouvre de trois pieds de terre. Le fourrage développe en fermentant une chaleur

époque, le foin, non-seulement n'est plus malsain pour les animaux, mais il a subi toutes les transformations utiles que la fermentation devait opérer dans la masse; toutes les combinaisons sont complétement terminées ; il a toute sa

considérable; il se tasse, la couche de terre qui le recouvre s'abaisse et se crevasse. Il faut avoir soin de boucher tous les jours ces crevasses en foulant la terre et en y ajoutant de la terre nouvelle. Il ne faut mettre de paille ni au fond ni sur les côtés de la fosse, de crainte qu'il ne se produise de la moisissure. Il ne faut pas non plus mettre de la paille à la partie supérieure; il vaut mieux couvrir immédiatement le fourrage de terre, à moins qu'on ait sous la main des feuilles de chou en quantité suffisante pour cette opération.

« On conserve ainsi communément dans plusieurs localités de la Prusse rhénane les trèfles, le foin, le maïs, le lupin, en général tous les fourrages verts. On a pu garder dans les silos des tiges de maïs de dix pieds de longueur sans les couper. Le maïs avait été simplement disposé par couches et bien foulé. Au printemps suivant, tout le contenu de la fosse était transformé en une masse pulpeuse assez solide que l'on taillait à la bêche par morceaux d'un pied cube. Le bétail mangeait cette nourriture avec avidité et produisait du lait en abondance.

« On emploie ce procédé avec beaucoup de succès, depuis vingt ans, à Lauersfort, dans la propriété du président de la Société d'agriculture de la Prusse rhénane, M. de Rath, et dans beaucoup d'autres localités.

« Nous avons cru utile d'appeler l'attention des praticiens sur un mode si simple de conserver les fourrages dans des silos quand le mauvais temps s'oppose à leur fenaison. Il est vivement à désirer que des expériences faites avec soin en France nous mettent à même de juger définitivement la valeur de cette méthode qui paraît avoir eu un succès complet chez nos voisins.

« J. GROENLAND. »

Le même procédé est usité au Mont-Dore pour la conservation des feuilles de vigne destinées à la nourriture des chèvres.

7*

valeur fourragère. On regarde, généralement et avec raison, comme l'indice d'une mauvaise administration la nécessité, pour une exploitation, de recourir au foin dans l'année même de la récolte.

44e SUJET. — **Engrais verts.**

Les engrais verts sont fournis par des plantes en végétation. Les cultures ordinairement destinées à servir d'engrais au champ qui les a portées, sont : le lupin blanc, le sarrasin, la spergule, les fèves, les vesces, le trèfle commun. On sème ces plantes, ou d'autres plantes hâtives et dont la graine n'est pas d'un prix élevé, quelques mois avant l'ensemencement définitif du champ, et, à l'époque des semailles, on les enterre par un labour. En pourrissant dans le sol, ces plantes forment ce que l'on appelle l'engrais vert. La seconde ou la troisième coupe de trèfle enfoui constitue un des meilleurs engrais verts.

Le premier emploi de cet engrais a dû avoir lieu dans les pays chauds, car il est particulièrement avantageux pour les sols brûlants, et ce procédé cultural nous paraît venir d'Italie. Les plus anciens auteurs latins en parlent, et comme d'une pratique avantageuse. Elle l'est effectivement, même dans les régions tempérées, mais beaucoup moins que certains agronomes se plaisent à le dire. Une plante que l'on enterre dans le sol qui l'a nourrie n'apporte à ce sol que ce qu'elle y a puisé, augmenté d'une faible partie tirée de l'atmosphère. Celle-ci n'a pu, en tout cas, lui fournir aucune substance minérale, et on ne comprend point que les engrais verts puissent être conseillés dans le but de procurer au sol des éléments inorganiques qui lui manquent.

Le véritable rôle des plantes destinées à servir d'engrais verts consiste à rassembler, sous une forme organique, des éléments épars dans le sol, et à offrir à la jeune plante qui leur succède une nourriture toute préparée. L'expérience a démontré qu'un corps organisé en décomposition a une action plus prompte sur la végétation que les éléments de ce corps non encore réunis par une force vitale. Cette action est même d'autant plus énergique que le corps organisé est plus parfait. Cela explique la puissante influence, comme engrais, des chairs, du sang, et des autres substances animales. L'énergie des engrais humains et des urines est due aux substances animales que ces matières renferment.

Il est possible aussi que la végétation active le travail chimique de la terre et que certaines combinaisons utiles à la plante à venir soient hâtées par celle qui lui sera sacrifiée ; mais il y a loin de là à prétendre que cette dernière a créé des substances minérales, ou qu'elle les a puisées dans l'air.

Dans les sols brûlants, les engrais verts sont utiles aussi par l'humidité qu'ils produisent en se décomposant.

Ces engrais peuvent donc être très-utiles, suivant les circonstances ; mais il n'en faut pas exagérer l'importance générale.

JUILLET.

Agenda agricole du mois.

Direction. — La récolte du colza et la moisson sont les travaux les plus importants du mois. Le fermier veille à leur bonne exécution. Pour que la moisson puisse être faite avec la rapidité désirable, il doit prévoir et préparer tout ce qui est nécessaire à ces opérations. Heureux ceux qui ne manquent pas de bras et à qui la bonne volonté des ouvriers ne fait pas défaut dans cette circonstance !

Occupations d'intérieur. — Remuez fréquemment le colza mêlé de siliques qui fermente au grenier. Veillez à ce que la nourriture des travailleurs soit plus fortifiante que d'ordinaire ; s'ils ne pouvaient refaire leurs forces par une alimentation substantielle, ils succomberaient à la fatigue. Les animaux, ceux de travail surtout, exigent aussi des soins particuliers.

Travaux extérieurs. — Déchaumez après l'enlèvement du colza et du seigle, soit pour faire lever les graines tombées, soit pour une culture dérobée. — Coupez le blé huit jours avant sa complète maturité, et laissez-le mûrir en meulettes ou *moyettes*. Pourtant le blé destiné à la semence doit mûrir sur pied. — Les prés demandent à être arrosés à huit ou dix jours d'intervalle, suivant la sécheresse. Dans cette saison, les irrigations de la nuit sont préférables ; le jour, l'eau s'évapore sous l'influence des rayons du soleil, et, en se perdant dans l'air, nuit aux plantes, qui sont comme échaudées par cette vapeur brûlante. Vers la fin du mois, greffez à œil dormant les fruits à pepins.

Un usage aussi antique que respectable veut que les pauvres viennent, quand les gerbes sont enlevées, glaner les rares épis tombés pendant le maniement de la récolte des céréales. Ne leur contestez pas ce triste privilége. Seulement, lorsqu'il se présentera des glaneurs capables de travailler, offrez-leur de l'ouvrage. S'ils acceptent, vous aurez des ouvriers de plus, et eux ils auront le moyen de gagner ce qu'ils attendaient de la charité séculaire du glanage ; s'ils refusent, ce sont des fainéants qui volent la glanure aux vieillards et aux infirmes ; il faut les chasser de vos sillons.

45ᵉ SUJET. — Moisson.

La moisson est la plus précieuse, mais aussi la plus pénible des récoltes de l'année. Sous un soleil brûlant, le corps courbé sur le chaume, la tête penchée vers le sol, scier de vastes champs de blé ; ramasser les nombreuses javelles aux épis dorés et les réunir en gerbes pesantes ; charger sur des chariots à larges dimensions ces gerbes bénies ; les rentrer avec précautions et les décharger avec soin ; voilà de quelles laborieuses opérations se compose la moisson. Le cultivateur supporte gaiement toutes ces fatigues, parce que cette récolte est le terme d'une longue et anxieuse attente, la récompense promise à une année

En effet, que l'orage éclate sur les javelles, que le temps tourne à la pluie, que les rosées soient seulement abondantes, et la récolte éprouve des dommages importants.

Le système des moyettes offre seul le moyen d'éviter tous les inconvénients que nous signalons, et l'avantage de faire la récolte des céréales dans les meilleures conditions

II.

On appelle moyette un amas de blé formé dans le champ immédiatement après le sciage. Ce mot est une corruption du mot meulette, diminutif de meule. Les moyettes sont, en effet, de petites meules. Elles se font avec de simples javelles ou avec des gerbes de moyenne grosseur.

Les moyettes faites de javelles sont les meilleures. Pour les faire, on plie en deux, les épis dessus, une javelle ou une forte poignée de blé coupé ; cette javelle repliée, on la pose dans un endroit sec, un peu élevé du champ ; puis, autour de cette base de la moyette, on place d'autres javelles dans toute leur longueur et de manière à faire porter les épis de celles-ci sur les épis de la javelle fondamentale. Sur ce premier rang circulaire de javelles, on en place un deuxième ; sur celui-ci, un troisième, et ainsi de suite jusqu'à ce que la meulette ait, extérieurement, une hauteur d'un mètre environ. La javelle repliée donne aux couches successives dont se compose la moyette une légère pente de l'intérieur à l'extérieur. Pour augmenter cette pente, on croise graduellement les épis des javelles opposées, à partir des deux tiers de la hauteur de la meulette. Cette disposition est nécessaire pour empêcher l'eau de pluie de pénétrer dans l'intérieur du tas. De cette façon la moyette se termine en pointe au centre. Il est utile que le chaume soit bien égalisé à la circonférence, afin que l'air et le soleil agissent également partout.

La moyette étant ainsi construite, il ne reste plus qu'à la couvrir. A cette fin, on fait une gerbe un peu forte qu'on lie solidement au quart de sa longueur, du côté opposé aux épis ; à l'autre bout, on en écarte les brins du milieu au dehors, de façon à lui donner la forme d'un grand chapeau ; puis, on la pose sur la moyette, le chaume en haut. Cette gerbe sert de toit au blé ainsi amassé, et le garantit parfaitement de la pluie pendant vingt à vingt-cinq jours. Les souris permettent rarement de laisser les meulettes dans les champs au delà de ce terme.

Si l'on craignait que la couverture de la moyette, la gerbe renversée dont je viens de parler, fût enlevée par un coup de vent, on l'assujettirait au moyen d'un lien passé autour de la meulette, au-dessus des épis de cette gerbe. Au moyen de deux tresses de paille, une de chaque côté, par un bout attachées au lien de la gerbe-couverture, et, par l'autre, fixées au sol avec des crochets de bois, on obtiendrait le même résultat, plus sûrement peut-être.

III.

Les autres moyettes sont formées de gerbes plus ou moins fortes. Leur grosseur dépend de plusieurs circonstances. On donne aux gerbes un fort volume lorsque les épis sont complétement mûrs, la paille propre et sèche, et que les moyettes ne doivent pas durer longtemps. Dans des circonstances différentes, des gerbes moins grosses sont préférables.

Pour ce genre de moyettes on réunit les gerbes, les épis en l'air, en rond, par cinq ou six, ou à la file, sur deux rangs, chacun de six à huit gerbes. Dans les deux formes, les gerbes sont écartées au pied, afin de laisser circuler l'air, et se touchent par les épis. On couvre les moyettes de gerbes, comme les moyettes de javelles, d'une ou de plusieurs gerbes ouvertes par le milieu.

Le système des moyettes offre des avantages réels sur l'ancienne manière de traiter les javelles (1). Pour bien

---

(1) Des expériences concluantes ont été faites, en 1860, sur la récolte de la ferme impériale de Fouilleuse, par MM. Payen et Pommier, comme délégués de la Société centrale d'agriculture de France. Voici les résultats de ces expériences :

Blés très-verts, récoltés huit ou dix jours avant la maturité.

	Blé blanc.		Blé rouge.	
Grains humides (100 épis)............	138 g.	61	146 g.	46
— secs —	122	63	129	63
Eau pour 100 de grains...............	12	15	12	86
Poids du litre humide.................	800	»	759	20
— sec	782	50	752	50
Poids de 100 grains secs...............	5	14	3	70

Blés moins verts, récoltés cinq ou six jours avant la maturité.

Grains humides (100 épis)............	186 g.	80	237 g.	50
— secs —	164	18	209	45
Eau pour 100 de grains...............	12	11	11	81
Poids du litre humide.................	808	60	741	20
— sec	807	50	746	20
Poids de 100 grains secs...............	5	47	3	82

comprendre la cause naturelle de ces avantages, il faut se rendre compte du phénomène de la fructification des graminées. Il faut se demander ce qui se passe dans la tige des céréales à l'époque de la formation du grain. Pour ce moment suprême, la plante accumule, dans la partie supérieure de la tige où elle s'élabore encore, la séve la plus parfaite. Le grain puise incessamment, mais par petites doses, à cette provision. A mesure que cette séve sucrée et laiteuse passe dans le grain, le sucre se convertit en farine, et l'eau surabondante s'évapore sous l'influence de la chaleur.

Blés récoltés à la maturité complète.

	Blé blanc.		Blé rouge.	
Grains humides (100 épis)	182 g.	96	196 g.	54
— secs —	157	65	170	25
Eau pour 100 de grains	13	86	13	38
Poids du litre humide	793	»	803	50
— sec	760	»	785	70
Poids de 100 grains secs	5	41	4	15

Il résulte de ces expériences :

1° Que les moyettes ont permis de tirer parti du blé coupé très-vert, et qu'elles peuvent être très-utiles en cas de verse ou de ravages par la grêle; 2° et que les blés coupés cinq ou six jours avant la maturité ont donné des produits plus élevés que ceux qui ont atteint leur complète maturité. Ce dernier point est tout à fait décisif : il démontre l'avantage évident de demander aux moyettes la complète maturité du blé, quel que soit d'ailleurs l'état du ciel. En effet, les grains de blés blancs, coupés cinq ou six jours avant la maturité ont pesé, par litre de grains, 807 g. 30, tandis que les blés complétement mûrs n'ont pesé que 760 g. La différence n'a pas été aussi prononcée sur tous les points en faveur du blé rouge; mais elle est frappante pour quelques-uns, ce qui prouve que les meulettes, avantageuses dans toutes les circonstances atmosphériques, sont applicables à toute espèce de céréales.

Mais la régularité de ce travail végétal est soumise à deux conditions essentielles : premièrement, il faut que le grain et la partie de la tige voisine de l'épi conservent une certaine mollesse jusqu'à l'accomplissement de la dernière période de la fructification ; il faut qu'ils ne soient pas saisis, durcis prématurément par l'ardeur du soleil, comme cela a souvent lieu pour le blé qui mûrit complétement sur pied. Lorsque cela arrive, la séve s'épaissit dans la tige, et le grain, paralysé lui-même, n'étant plus alimenté, cessant de végéter avant le temps, se *ratatine* et se *raccornit*. La farine qu'il fournit en cet état est bonne peut-être, mais elle est loin d'être aussi abondante qu'elle pouvait le devenir, une grande partie étant restée dans la tige. La récolte, faite dans de bonnes conditions, en apparence, est, au fond, partiellement manquée.

La seconde condition essentielle à la fructification régulière des céréales, c'est que ce travail ne soit pas contrarié par des brouillards ou des pluies prolongées. Dans le cas d'un de ces contre-temps, l'assimilation se fait mal, le grain est gonflé d'eau, la farine reste rare et n'acquiert pas de qualité. Ceux qui se rappellent l'année désastreuse de 1817 ne savent que trop combien est vrai ce que je dis de l'effet des pluies sur les céréales. Des pluies moins continues exercent une action moins fâcheuse, mais leur effet est encore très-sensible tant sur la quantité que sur la qualité des grains. Du reste, l'effet du soleil, comme celui de la pluie, peut se produire sur les blés coupés aussi bien que sur ceux qui ne le sont pas encore.

A ces motifs, qui doivent décider le cultivateur à adopter le système des moyettes, ajoutez que ce mode de moissonner fait éviter les pertes, souvent considérables, qui résultent soit de la germination des grains, lorsque, à l'époque de la maturité, les pluies surviennent et se prolongent, soit de l'égrenage, lorsque le blé, complétement mûr, est récolté par les grandes chaleurs de l'été. Ce système permet aussi de faire, pendant la moisson, les labours et d'autres travaux forcément négligés dans l'ancienne méthode ; car, la récolte n'étant rentrée que deux ou trois semaines après le sciage, les animaux de trait et les domestiques sont libres. Il s'applique à l'orge et à l'avoine aussi bien qu'au froment.

Au résumé, les moyettes, très-utiles lorsque la moisson est favorisée par le beau temps, sont éminemment avantageuses lorsqu'elle est contrariée par les pluies. Il est donc, à tous égards, de notre intérêt d'imiter les agriculteurs les plus avancés, de ne faire aucune récolte de céréales sans recourir aux moyettes.

47ᵉ SUJET. — Déchaumage.

Les labours connus sous le nom de déchaumage, sont trop bien décrits dans le passage suivant pour que je me prive du plaisir de le reproduire. Les excellentes instructions que l'on va lire, ont été tracées par le premier de nos maîtres (1) en agriculture des derniers temps, par Mathieu de Dombasle.

(1) Aujourd'hui que la science agricole commence à se répandre, on comprend difficilement ce qu'il a fallu de savoir, d'intelligence, de génie pratique au directeur de Roville pour nous léguer une saine théorie et des enseignements pratiques sur l'art de cultiver la terre. Nous retrouvons ses idées dans tous les livres, dans toutes les

« Le déchaumage est une opération dont l'usage doit
être adopté partout où les cultivateurs ont à cœur d'entretenir leurs terres nettes de mauvaises herbes. Après
une récolte de céréales, et même presque toujours après
une récolte de graines oléagineuses, il se trouve sur le sol
une quantité plus ou moins considérable de semences de
plantes nuisibles, qui ont mûri avant la récolte ou en
même temps qu'elle, et qui se sont répandues sur la terre ;
si on laisse ces semences dans cet état, un très-grand
nombre d'entre elles pourra s'y conserver pendant fort
longtemps sans y germer, et, si on les enterre par un labour de 14 à 16 centimètres, la plus grande partie de
celles qui se sont enterrées à cette profondeur pourront s'y
conserver pendant plusieurs mois et même plusieurs
années, et elles infecteront le sol, lorsque de nouveaux labours, les ramenant à la surface, les placeront dans des
circonstances favorables à la germination. Le déchaumage
a pour but de déterminer une prompte germination dans
ces graines, afin que les plantes auxquelles elles auront
donné naissance, étant détruites par le premier labour qui
suivra le déchaumage, le cultivateur en soit débarrassé
pour toujours.

« On atteint ce but au moyen d'une culture superficielle qui

écoles, dans toutes les exploitations, et nous les reportons souvent
à ceux qui n'ont d'autre mérite que de les avoir introduites dans
l'enseignement ou dans la pratique. C'en est un très-réel sans doute,
mais le premier hommage est dû à l'homme de bien qui a doté sa
patrie du précieux et inépuisable trésor de ses recherches, de ses
observations et de ses expériences. De son initiative date le mouvement progressif imprimé à l'agriculture française. Honneur à Mathieu
de Dombasle !

ne doit pas dépasser 5 centimètres de profondeur, et dans laquelle on doit chercher à ameublir, autant qu'il est possible, la surface remuée, afin de faciliter la germination de toutes les semences ; cette opération doit s'exécuter aussitôt que la récolte est enlevée, et l'on y emploie, selon l'état du sol, soit une charrue travaillant très-superficiellement, et qu'on fait suivre de la herse si cela est nécessaire, soit l'extirpateur ou le scarificateur, soit une herse à dents de fer, qu'on passe à plusieurs reprises, s'il le faut, afin de gratter et ameublir toute la surface du terrain. Ordinairement, huit ou quinze jours suffisent, à moins que le sol ne soit excessivement sec, pour que l'on soit assuré que toutes les semences ont germé ; on peut alors donner le premier labour, qui fera périr à coup sûr les jeunes plantes, en les enterrant. »

48ᵉ SUJET. — **Récoltes dérobées.**

Obtenir d'un champ, dans un temps donné, et sans diminuer la fertilité du sol, le produit net le plus élevé possible, voilà le problème que l'agriculteur doit chercher à résoudre. Chaque procédé agricole qui tend à amener cette heureuse solution est un progrès considérable. La suppression de la jachère morte, la culture des plantes fourragères, une augmentation du bétail, les binages, sont autant de pas faits dans la voie du progrès agricole. Il y a une foule d'autres moyens, plus ou moins importants, d'augmenter les produits de la terre dans le cours d'une année, sans augmenter sensiblement les frais. Les

récoltes dérobées offrent un de ces moyens les **plus ingénieux.**

Par récolte dérobée, on entend un second produit
agricole obtenu, la même année, dans le même champ,
au moyen d'une nouvelle culture, faite après l'enlèvement
de la première récolte. Ainsi, une récolte de navets obtenue
dans le sol qui a produit du seigle ou du blé, est une récolte
dérobée. En semant dans un champ, après l'enlèvement
d'une première récolte, du sarrasin destiné à être enfoui
en vert, on fait une culture dérobée. Il est indifférent, du
reste, que la semaille se fasse avant ou après la rentrée
de la récolte principale : le trèfle semé dans une céréale,
et qui donne une première coupe avant l'hiver, constitue
une culture dérobée......

Il est facile de comprendre que le produit de ces cultures s'obtient presque sans frais. D'abord, la graine des
plantes qui peuvent se cultiver ainsi est d'un prix médio-
cre ; ce sont le navet hâtif, le sarrasin, la moutarde blanche, les vesces, la spergule. Ensuite, ces cultures n'occa-
sionnent que peu de frais de labours. On peut semer sur
un simple déchaumage, quand la semaille n'a pas été faite
dans la céréale même. Les travaux d'entretien ne sont
guère plus chers que les labours qu'il faudrait donner à
la terre pour détruire la mauvaise herbe. Les frais de la
récolte, pour les plantes qui ne sont pas enterrées comme
engrais vert, sont donc les seules dépenses à prendre en
considération. Mais il est évident que la valeur du produit
dépassera presque toujours de beaucoup ces dépenses.

Quant à la question de savoir si une culture dérobée,
enlevée du champ, diminue la fertilité du sol, il faudrait
répondre affirmativement si les résidus de la récolte, ou

leur équivalent, n'étaient point restituées au champ. Les plantes cultivées en récolte dérobée puisent généralement une grande partie de leur nourriture dans l'atmosphère, mais elles tirent de la terre des substances que l'air ne saurait leur fournir. Ces substances doivent être restituées au sol, sous une forme ou une autre, pour que la fertilité du champ conserve le niveau qu'elle avait avant la récolte dérobée.

De là, il résulte que les récoltes dérobées, pour être réellement avantageuses, doivent fournir le moyen, non de livrer une nouvelle denrée au marché, mais de nourrir un plus grand nombre de bestiaux, afin d'obtenir plus d'engrais. Le profit se réalise à la vente du bétail.

AOUT.

Agenda agricole du mois.

Direction. — Le fermier active la récolte des denrées qui sont encore sur pied ; il visite les moyettes et fait faire différentes semailles.

Occupations d'intérieur. — La principale occupation intérieure, particulière au mois d'août, c'est le battage du blé pour les semailles d'automne. Les autres soins sont les mêmes que ceux des mois précédents : veiller à la propreté des étables et des écuries, nourrir convenablement les animaux de trait, mettre de la régularité dans les repas des bestiaux.......

8

Travaux extérieurs. — Buttez les pommes de terre, semez navets, colza, trèfle incarnat, spergule, navette d'hiver; coupez les avoines avant leur maturité et laissez-les mûrir en moyettes; rentrez les blés qui ont passé quinze jours ou trois semaines en meulettes; dès que les champs sont libres, déchaumez, conduisez le fumier sur ceux que vous destinez au colza, à la navette.....; commencez les labours pour semailles d'automne; défrichez les tréflières; fauchez, pour donner en vert ou pour faner, les nouvelles pousses des prairies artificielles; Ecussonnez à œil dormant sur des sujets à fruits à noyau.

49ᵉ SUJET. — Les pommes de terre.

La culture des pommes de terre est une des plus utiles, comme des plus étendues, et pourtant une des moins comprises et des moins bien pratiquées. Cela résulte clairement des faits suivants.

La pomme de terre est originaire de l'Amérique méridionale. Elle y croît sans culture. Le sol qu'elle affectionne est un terrain léger, sablonneux, meuble, également propre à recevoir de l'atmosphère et à transmettre à la plante les éléments nécessaires à une végétation régulière.

De ces conditions que recherche la plante à l'état sauvage, il découle naturellement que la prospérité de la pomme de terre exige un sol profondément ameubli et bien travaillé. Cette préparation du sol est d'autant plus indispensable que le climat s'éloigne davantage de celui du Chili. Suit-on, dans la culture du précieux végétal, ces indications de la nature? La réponse à cette question se trouve dans la maladie qui, depuis vingt ans, réduit, à chaque récolte, le rendement utile de la pomme de terre dans une proportion alarmante.

Non, les champs ne sont pas préparés convenablement pour cette culture, les travaux d'entretien ne sont pas exécutés convenablement, les tubercules ne sont pas conservés dans de bonnes conditions. C'est par un effet particulier de la bonté divine, par un miracle de la Providence que la plante, précieuse entre toutes, que cette manne des pauvres, n'a pas encore disparu de la culture de l'insouciante Europe.

50e SUJET. — **Parmentier.**

Tout le monde connaît la pomme de terre; peu de personnes savent par qui et comment elle a été popularisée en France.

Antoine Parmentier naquit, en 1737, à Montdidier, dans le département de la Somme, d'une bonne famille de bourgeoisie. Etant bien jeune encore, il perdit son père et ne put être placé au collége, par le défaut de fortune de sa famille; mais sa mère, dont l'instruction avait été très-soignée, lui enseigna les éléments des langues française et latine. Plus tard, lorsque des circonstances pénibles ne lui permirent pas de continuer cet enseignement, elle mit le jeune Parmentier en apprentissage chez un apothicaire de Montdidier.

Tel fut le début de Parmentier, qui mourut, à Paris, le 17 décembre 1813, généralement regretté. Un biographe trace son portrait moral dans les lignes suivantes :

« Partout, ce qui pouvait être utile avait droit d'exciter son attention, d'excercer son activité; partout où l'on pouvait travailler beaucoup, rendre de grands services et ne rien recevoir ; partout où l'on se réunissait pour faire le bien, il accourait le premier, et l'on pouvait être sûr de disposer de son temps, de sa plume et, au besoin, de tout ce qu'il possédait. »

Parmentier a popularisé la pomme de terre en France par les moyens et dans les circonstances que je vais faire connaître.

Un proverbe dit : le malheur est bon à quelque chose. Si ce dicton populaire n'est pas toujours vrai, il l'est quelquefois du moins ; l'histoire des pommes de terre le prouve.

L'année 1769 était une année de disette générale. Cette circonstance détermina l'Académie à proposer un prix pour le meilleur Mémoire qui ferait connaître les végétaux capables de suppléer aux plantes céréales. Parmentier signala la pomme de terre et remporta le prix.

Mais la pomme de terre, connue en Europe depuis le xve siècle, était repoussée par des préjugés déplorables : on prétendait qu'elle engendrait des fièvres malignes et la lèpre, et que les terres où elle était cultivée devenaient improductives pour longtemps. Il fallait détruire les préjugés et faire accepter la culture de la pomme de terre. Parmentier se donna cette noble mission et y consacra toutes ses facultés avec une persévérance infatigable ; il finit par triompher de tous les obstacles. Les succès qu'il obtint répandirent son nom et celui de sa plante chérie dans toute l'Europe. Dans l'enthousiasme de sa reconnaissance, le peuple confondit ensemble le nom du célèbre agronome et celui de la plante bénie (1).

_____

(1) « Pour parvenir à ces principaux résultats, Parmentier sollicita

Pourquoi les pommes de terre n'ont-elles pas conservé
le nom de parmentières? Un pareil hommage eut-il jamais
été mieux mérité? Ce nom eut rappelé sans cesse à tous
que le nom de Parmentier et celui du *pain des pauvres*
sont inséparables dans la mémoire des amis de l'humanité.

51e SUJET. — **Parmentier à l'âge de 12 ans.**

Un auteur rapporte, dans les lignes qu'on va lire, les
circonstances émouvantes qui décidèrent de la carrière du
jeune Parmentier :

« L'homme bon, l'homme excellent dont je vais parler,
me semble un des hommes les plus grands, les plus nobles
que l'on puisse rencontrer dans le monde des citoyens
utiles ; déjà, dans le peuple, on ne se souvient plus de ce

de Louis XVI et obtint 84 arpents de la plaine des Sablons, dont
l'entière stérilité n'avait encore pu être vaincue. Le terrain ensemencé, il attend patiemment que la germination vienne justifier ses
espérances et ses promesses que l'on jugeait illusoires. Les fleurs
paraissent enfin, et Parmentier enchanté se hâte d'en former un
bouquet dont il est admis à faire un hommage solennel au roi, qui
protégeait son entreprise. Louis XVI en para aussitôt sa bouton-
nière, et par son suffrage royal détermina celui des courtisans. La
province voulut jouir des avantages de cette utile tentative, que
Parmentier renouvela avec le même bonheur dans la plaine de Gre-
nelle....... Enfin on raconte qu'il donna un dîner dont tous les ap-
prêts, jusqu'aux liqueurs, consistaient dans la pomme de terre,
déguisée sous vingt formes différentes, et où il avait réuni de nombreux convives; leur appétit ne fut point en défaut, et les louanges
qu'ils donnèrent à l'amphitrion tournèrent à l'avantage de la nouvelle racine. »

8*

bienfaiteur populaire, de ce modeste et infatigable savant, qui a travaillé dans l'intérêt de ceux qui travaillent, qui a souffert dans l'intérêt de l'humanité souffrante ; s'il n'y a de nouveau que ce qui est oublié, mon simple récit aura, pour bien des gens, pour bien des ingrats, le mérite d'une histoire tout à fait nouvelle.

« Au milieu de l'hiver si tristement mémorable de 1749, une pauvre veuve, une sainte femme de Montdidier, se donnait bien du mal, bien de la peine pour élever sa chère et innocente famille ; agenouillée devant une image du Christ, le matin, le soir, à toutes les heures, la malheureuse mère avait beau demander à Dieu le pain quotidien pour elle et ses enfants, Dieu ne lui envoyait pas du pain tous les jours.

« Madame Antoine se souvenait d'avoir été bien heureuse ; mais en voyant s'envoler la dernière parole, la dernière prière, le dernier soupir de son mari, elle avait vu s'enfuir, loin de sa maison désolée, les amis, les protecteurs, l'espérance et la fortune. Par bonheur, elle était jeune encore, elle avait de l'esprit, des connaissances variées, une distinction rare, une probité exemplaire ; comme toutes les jeunes femmes d'élite qui ont beaucoup souffert, elle possédait au fond de son cœur des trésors de religion inépuisables : en voilà bien plus qu'il n'en fallait, pensait-elle, pour donner à sa pauvre famille des idées justes, des sentiments chrétiens, une éducation complète ; quant à la vie matérielle de la veuve et des orphelins, Mme Antoine s'en rapportait à la miséricorde de Dieu, en s'écriant avec un poëte qu'elle connaissait à merveille :

> Aux petits des oiseaux il donne leur pâture,
> Et sa bonté s'étend snr toute la nature.

« Malgré cette lutte affreuse et inégale qu'elle soutenait contre les besoins, contre l'inquiétude, contre la misère, Mme Antoine ne perdit jamais rien de son courage ; mais, à la fin, elle perdit un peu de sa santé : elle souffrait sans se plaindre, les yeux fixés sur ses enfants qui priaient, qui sanglottaient au chevet de leur mère. On appela un médecin : le médecin prit la peine gratuite de formuler une ordonnance, dont l'exécution était impossible à l'infortune de la malade ; comment faire et que résoudre ? Elle se meurt... elle est morte peut-être! Non, elle vit encore... mais elle va mourir, faute d'un peu d'argent, d'un peu de pitié, d'un misérable remède !...

« Qui donc sauvera cette femme, cette mère, cette chrétienne? se mit à dire une vieille paysanne qui priait en pleurant.

« Dieu ! murmura celle qui souffrait.

« Et moi...! répondit le fils aîné de la veuve, avec un enthousiasme qui ressemblait à quelque divine inspiration.

« A ces mots, le petit Antoine, qui avait douze ans à peine, s'empara de l'ordonnance du médecin, il embrassa vingt fois sa mère; il lui dit, comme pour mieux l'empêcher de mourir :

« Attends mon retour !

« Et l'enfant inspiré se précipita hors de la chambre.

« Au bout d'une demi-heure, Antoine revint auprès de sa mère : il lui présenta, en souriant, un breuvage qui avait été préparé selon la formule du médecin; la potion salutaire opéra un véritable prodige; la crise, provoquée par le docteur, réussit avec l'aide de Dieu ; en un clin d'œil, par enchantement, le corps de la malade commença à recouvrer sa force, et son esprit toute sa raison ; elle interrogea son fils, elle lui demanda, en le faisant monter sur son lit :

« D'où viens-tu, Antoine? Qui donc t'a donné ce remède souverain qui m'a rendu la parole tout de suite, et qui me rendra bientôt la santé?

« Ne me remercie pas, mère, répondit l'enfant; ne me remercie pas de t'avoir sauvée !

« Ma guérison est-elle un mystère?

« Un mystère bien simple, et tu vas le savoir. En te voyant si faible, si pâle, presque mourante, j'ai eu la bienheureuse pensée d'aller frapper à la porte de l'apothicaire du voisinage et de lui dire :

« Monsieur, rendez-moi ma mère qui se meurt, et je vivrai pour vous servir ; je sens déjà que je suis plein de force, et l'on assure que je ne manque pas d'intelligence : vous plaît-il d'accepter, en échange d'une bonne action, le dévouement d'un apprenti, d'un domestique? Parlez, parlez vite, Monsieur.... et me voilà !

« L'apothicaire a eu pitié de mes larmes, il m'a donné ce qu'il fallait pour te guérir, et, dès demain, j'irai travailler dans son laboratoire ; c'est tout.

« La mère ne répondit rien à cet admirable récit de son enfant; quand une mère pleure de joie, elle ne parle pas.... elle adore ! »

SEPTEMBRE.

Agenda agricole du mois.

Direction. — Pendant quelques mois ,l'attention du fermier a dû se porter exclusivement su iles récoltes. Il en reste encore à surveiller ; mais la grande préoccupation de ce mois, ce sont les semailles d'hiver. Il s'agit de saisir le moment favorable pour labourer et ensemencer chaque sol, suivant sa nature. L'heure du repos ne sonnera qu'après les dernières récoltes et toutes les semailles d'automne : ce repos même sera purement relatif, car le cultivateur ne dort jamais que d'un œil.

Occupation d'intérieur. — Nettoyez les graines pour semence si vous voulez récolter de beaux grains.

Travaux extérieurs. — Semez blé, épeautre, seigle, escourgeon et les variétés d'hiver des plantes suivantes : avoine, vesces, féveroles, pois....; transplantez le colza semé en pépinière ; enfouissez les engrais verts ; coupez, fanez et rentrez les regains ; cueillez les fruits mûrs ; arrachez les pommes de terre à la bêche fourchue, mieux à la charrue, si le sol le permet.

52ᵉ SUJET. — Conclusion.

Si j'ai su faire passer dans l'esprit du jeune lecteur mes convictions agricoles les plus profondes, dans son cœur mes vœux les plus ardents, il est pénétré de trois vérités, et sa résolution est prise.

La première vérité, c'est que, sans beaucoup d'engrais de ferme, il n'y a pas de bonne agriculture, pas d'agriculture progressive, profitable ; sans beaucoup de bestiaux bien entretenus, pas de bons et copieux fumiers ; sans une grande quantité de fourrages, l'entretien d'un nombreux bétail est impossible.

La deuxième vérité, c'est que la campagne offre à l'es-

TABLE DES MATIÈRES.

Préface			**5**
Introduction			**9**
	Agenda agricole du mois d'octobre		13
Premier sujet.	— La vendange		16
2e	—	Semailles d'automne	17
3e	—	— en lignes	19
4e	—	Les silos	20
5e	—	Plantation des arbres	21
	Agenda agricole de novembre		24
6e	sujet. —	Labours d'automne	25
7e	—	Défrichements	26
8e	—	Marnages	29
9e	—	Engrais liquides	30
10e	—	Engraissement	31
	Agenda agricole de décembre		33
11e	sujet. —	Curage des fossés	34
12e	—	Commerce agricole	35
13e	—	Le progrès agricole	38
14e	—	Associations	39
15e	—	Comptabilité	41
	Agenda agricole de janvier		43
16e	sujet. —	Assolement	44
17e	—	Rotations	46
18e 19e	—	Rôle de la terre	47
20e	—	Suppression de la jachère	50
	Agenda agricole de février		53
21e	sujet. —	Plantes fourragères	54
22e	—	Faux calcul économique	56
23e	—	Exemple à suivre	58
24e	—	Moyen de s'enrichir	59
25e	—	La germination	61
	Agenda agricole de mars		67
26e	sujet. —	Coup d'œil rétrospectif	68

27e sujet. — Les deux capitaux........................ 69

28e — Hersage des blés...................... 70

29e — Labours profonds..................... 71

30e — Accroissement des plantes............... 75

Agenda agricole d'avril..................... 78

31e sujet. — Effets du rouleau...................... 80

32e — La taupe réhabilitée.................... 81

33e — Binages des blés...................... 82

34e — Les oiseaux au point de vue agricole....... 85

35e — Séve ascendante et séve descendante....... 86

Agenda agricole de mai..................... 92

36e sujet. — Météorisation......................... 93

37e — Fumier............................ 94

38e — Logements des animaux................ 95

39e — Effets désastreux de l'ignorance........... 96

40e — La floraison et la fructification............ 97

Agenda agricole de juin................... 107

41e sujet. — Préjugé à combattre..................... 108

42e — Soins hygiéniques................... 109

43e — La fenaison et les foins nouveaux.......... 111

44e — Engrais verts....................... 118

Agenda agricole de juillet................... 120

45e sujet. — Moisson........................... 121

46e — Moyettes......................... 122

47e — Déchaumage...................... 129

48e — Récoltes dérobées................... 131

Agenda agricole d'août..................... 133

49e sujet. — Les pommes de terre..................... 134

50e — Parmentier........................ 135

51e — Parmentier à l'âge de 12 ans............. 137

Agenda agricole de septembre............... 140

52e sujet. — Conclusion......................... 141

Clichy. — Imprimerie Paul DUPONT, 12, rue du Bac-d'Asnières.

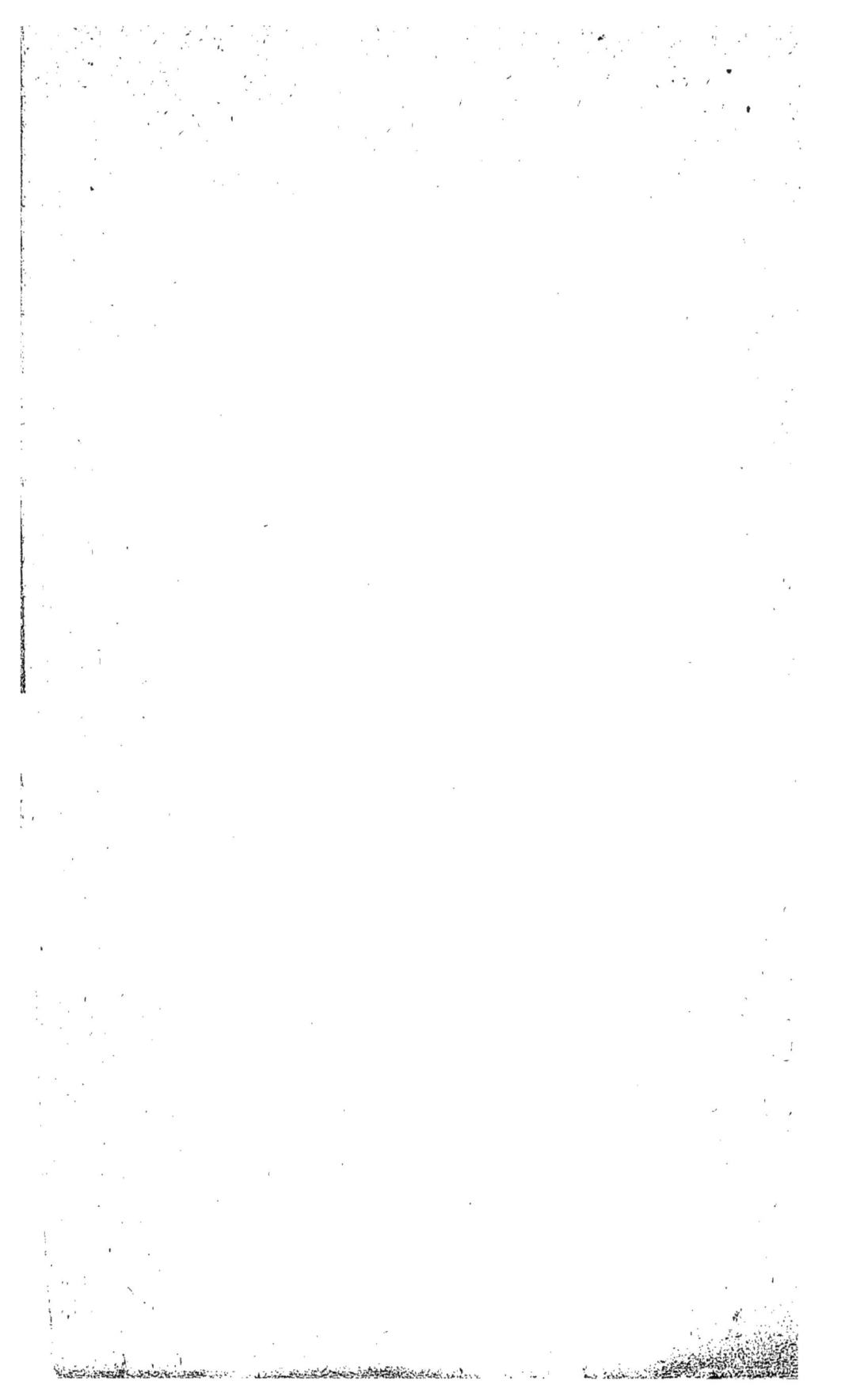